6.923

I0040081

1200

PROBLÈMES

sur

L'ADDITION, LA SOUSTRACTION, LA MULTIPLICATION ET LA DIVISION

des

NOMBRES ENTIERS ET DÉCIMAUX

DÉPOT LÉGAL
Seine
N° 6882

Par F. L.

Ouvrage rédigé pour servir d'application
à toutes les Arithmétiques

❧

PARIS

A. MAUGARS, LIBRAIRE-ÉDITEUR

30, Rue Ste-Croix-de-la-Bretonnerie

—

1870

1869

36923

AVERTISSEMENT

Les Problèmes renfermés dans es Traités élémentaires d'Arithmétique sont loin d'être suffisants pour exercer l'intelligence des jeunes élèves, et surtout pour satisfaire leur curiosité. Nous avons pensé qu'un Recueil nouveau était indispensable, et nous avons cherché à combler la lacune qui existait. Nous offrons donc à nos jeunes amis un grand nombre de Problèmes, composés avec soin, où ils trouveront à appliquer toutes les règles qu'ils ont apprises sur la numération et les quatre opérations fondamentales de l'Arithmétique.

En consultant la table des matières de ce volume, le lecteur se rendra compte facilement de la division de l'ouvrage. Nous lui ferons seulement observer, qu'à partir du second chapitre, une récapitulation des matières traitées précédemment a lieu à partir du 50ᵉ problème, en sorte que chaque chapitre est terminé par 50 problèmes de récapitulation. Cette division a été adoptée, afin de tenir constamment l'intelligence de l'élève en suspens, et éviter la routine, en le forçant de s'assurer du genre d'opération qu'il doit exécuter.

Pour ne pas décourager les élèves faibles et les intelligences paresseuses, nous avons toujours fait suivre un problème difficile d'un autre plus facile, que les moins avancés pourront toujours traiter avec succès.

PROBLÈMES

sur

l'Addition des Nombres entiers

1. — Lundi j'ai dépensé 3 fr., Mardi 2 fr., Mercredi 4 fr., Jeudi 1 fr., Vendredi 3 fr., Samedi 4 fr., et Dimanche 6 fr. : combien ai-je dépensé dans ma semaine?

2. — Un marchand vend le Lundi pour 30 fr., le Mardi pour 150 fr., le Mercredi pour 70 fr., le Jeudi pour 169 fr., le Vendredi pour 179 fr., le Samedi pour 44 fr., et le Dimanche il ferme son magasin : quel est le total de ses ventes de la semaine?

3. — Une jeune fille me dit : J'ai encore 15 fr. dans ma bourse; j'ai donné 28 fr. aux pauvres, j'ai prêté 14 fr. à mon amie Sophie, et j'ai dépensé 57 fr.: combien avais-je dans ma bourse?

4. — Paul achète pour 3.835 fr. de marchandises; s'il veut gagner 583 fr., quelle somme doit-il la vendre?

5. — Amélie achète du fil pour 1 fr., une poupée pour 2 fr., du coton à tricoter pour 3 fr., des aiguilles pour 1 fr., des épingles pour 1 fr. : combien a-t-elle dépensé?

6. — Un courrier part de Paris par la route de Lille et fait 448 kilomètres en un jour; un second courrier part en même temps par la route de Lyon, et fait 289 kilomètres dans le même espace de temps : à quelle distance les deux courriers sont-ils l'un de l'autre, après cette course de 24 heures!

1

7. — Une couturière veut vendre une robe ; l'étoffe lui coûte 47 fr., la façon et les fournitures sont estimées 8 fr. ; elle veut gagner 3 fr. sur son marché : combien vendra-t-elle cette robe ?

8. — Un marchand mélange 695 litres de vin de Bourgogne, 61 litres de Bordeaux, 9 litres de Roussillon et 75 litres de Mâcon : quelle est la quantité de litres du mélange ?

9. — Une personne est née en 1764 ; elle est morte à 95 ans : quelle est l'année de sa mort ?

10. — Le nombre des naissances en France a été, en 1829, de 803.453 ; en 1830, de 809.830 ; en 1831, de 812.761 ; en 1832, de 817.745 : quel a été le total des naissances pendant ces quatre années ?

11. — J'additionne notre livre de dépenses de maison ; il comprend pour le mois de Janvier les articles suivants : acquitté le mémoire du tailleur 120 fr., acquitté la facture de la lingère 165 fr., payé au boulanger 47 fr., payé au boucher 115 fr., payé à la domestique un mois de gage 25 fr., menues dépenses 80 fr. : combien ai-je déboursé dans le courant du mois ?

12. — Les élèves d'un pensionnat sont repartis en 5 classes : la première contient 187 élèves ; la deuxième, 165 ; la troisième, 172 ; la quatrième, 188, et la cinquième, 129 : quel est le nombre des élèves de cet établissement ?

13. — On demande l'âge d'une personne ; elle avait 55 ans il y a 44 ans ?

14. — Ernest a reçu 6 pièces de toile : la première coûte 315 fr., la deuxième 195 fr., la troisième 268 fr., la quatrième 147 fr., la cinquième 144 fr., la sixième 139 fr. : combien doit-il payer pour acquitter la facture ?

15. — J'ai dépensé 358 fr., j'en ai perdu 72, prêté

60, et il me reste 249 fr. : quelle somme avais-je en tout ?

16. — Une personne est née en 1823; en quelle année aura-t-elle cinquante ans ?

17. — Trois ouvriers se sont partagé une somme, le premier a eu 276 fr., le deuxième 140 fr., le troisième 428 fr. : quelle était la somme à partager ?

18. — J'ai acheté une maison pour la somme de 7.835 fr., je la revends et je gagne 1.265 fr. : quelle somme ai-je reçue ?

19. — Un régiment se compose de 3 bataillons; le premier compte 945 hommes; le deuxième 950, et le troisième 922 : quel est l'effectif de ce régiment ?

20. — Louise a reçu 145 bons points dans le cours du mois de Janvier, 288 en Février, 75 en Mars, 102 en Avril, 90 en Mai, 125 en Juin, 107 en Juillet, 119 en Août, 120 en Septembre, 100 en Octobre, 104 en Novembre, 195 en Décembre : combien de bons points a-t-elle reçus dans son année ?

21. — J'ai dépensé 350 fr. pour l'entretien de ma famille, 175 fr. pour réparer ma maison, j'ai payé 435 fr. à mes domestiques, 215 fr. pour les mois de classe de mes enfants, j'ai donné 125 fr. aux pauvres, et il me reste en caisse 1.500 fr. : a combien se montent les sommes que je possédais ?

22. — Une maison coûte 45.792 fr.; on veut gagner 2.100 fr. sur ce marché : combien faut-il la revendre ?

23. — Un ouvrier a reçu 45 fr., un deuxième ouvrier 22 fr. de plus que le premier, un troisième ouvrier autant que les deux autres : on demande ce que chacun d'eux a reçu, et combien en tout ?

24. — On trouve dans une pépinière 537 pommiers, 147 poiriers, 1.075 cerisiers, 963 pêchers, 392 abricotiers et 137 pruniers : quel est le nombre total des arbres ?

25. — Ma sœur est allée au marché; elle a acheté du beurre pour 16 fr., du pain pour 10 fr., des légumes pour 12 fr., de la toile pour 125 fr., de la flanelle pour 9 fr., du drap pour 49 fr. : combien a-t-elle dépensé en tout ?

26. — Mon père a trois tonneaux pleins de vin dans sa cave; le premier contient 1.815 litres, le deuxième 1.726 litres, et le troisième 1.415 litres : combien a-t-il de litres en tout ?

27. — Un marchand achète 100 kilogr. de sucre pour 155 fr., 400 litres d'huile épurée pour 441 fr., 120 kilogr. d'amandes pour 136 fr., et 30 kilogr. d'huile d'olives pour 82 fr. : quel est le montant de sa facture ?

28. — Lundi, un marchand a vendu pour 127 fr.; Mardi, pour 136 fr.; Mercredi, pour 119 fr.; Jeudi, pour 128 fr.; Vendredi pour 115 fr.; et Samedi, pour 138 fr. : quel est sa vente de la semaine ?

29. — Une marchandise a coûté 3.215 fr. : combien faut-il la revendre pour gagner 530 fr.

30. — Le nombre des décès en France, en 1830, a été de 813.553 habitants; en 1831, de 819.940; en 1832, de 812.837; en 1833, de 910.004 : quel est le nombre des décès pour ces quatre années ?

31. — Emilie achète du drap pour 289 fr., de la toile pour 158 fr., du gros de Naples, pour 160 fr., du coton pour 115 fr., de la laine pour 18 fr. : combien doit-elle payer ?

32. — Mathurin revient du marché; il a acheté un hectolitre de blé pour 25 fr., 7 doubles décalitres de seigle pour 28 fr. et 2 hectol. d'avoine pour 23 fr. : combien a-t-il dépensé en tout ?

33. — Un industriel distille 3 tonneaux de vin pour faire de l'eau-de-vie; le premier contient 309 litres, le deuxième 1.168 litres, et le troisième 617 litres : combien a-t-il distillé de litres de vin en tout ?

34. — Janvier a 31 jours, Février 28, Mars 31, Avril 30, Mai 31, Juin 30, Juillet 31, Août 31, Septembre 30, Octobre 31, Novembre 30, et Décembre 31: quel est le nombre des jours de l'année ?

35. — On compte 244 kilomètres de Dunkerque à Paris, 297 de Paris à Evaux, 330 d'Evaux à Carcassonne : dites-nous la distance de Dunkerque à Carcassonne ?

36. — En 1830, la population a augmenté en France de 161.274 habitants ; en 1831, de 167.094 habitants ; en 1832, de 193.004 habitants ; en 1833, de 150.022 habitants : de combien la population de notre pays a-t-elle augmenté pendant ces quatre années ?

37. — Je vous prie de me dire ce que j'avais dans ma bourse, sachant que j'ai payé 145 fr. à mon boulanger, 128 fr. à mon boucher, 114 fr. à mon marchand de toile, et qu'il me reste 118 fr. ?

38. — Une mère paye 400 fr. pour la pension de sa fille, 45 fr. pour son blanchissage, 75 fr. pour fournitures classiques et livres : à combien se monte la pension de cette enfant ?

39. — Quatre particuliers forment une société ; le premier verse 56.934 fr., le deuxième 35.728 fr., le troisième 19.747 fr., et le quatrième 149.700 fr. : quelle est la totalité des sommes affectées à cette entreprise ?

40. — Un voyageur fait 25 kilomètres le premier jour, 30 kil. le deuxième, 20 kil. le troisième, 40 kil. le quatrième, puis il revient dans son pays : quelle est la longueur totale du chemin qu'il a parcouru ?

41. — En 1865, la marine française comptait : 53 vaisseaux de ligne à voile, 32 vaisseaux de ligne mixtes, c'est-à-dire marchant à volonté, à la voile ou à la vapeur, 83 frégates à voile, 104 à vapeur, 60 corvettes à voile, 75 à vapeur, 136 bricks et avisos à voile, 120 à vapeur, 258 goëlettes ou canonnières à vapeur, 35 batteries flottantes et 159 transports à vapeur : combien notre marine comptait-elle de navires en tout ?

42. — Un père a 25 ans de plus que son fils, le grand-père 31 ans de plus que le père : on demande l'âge du grand-père sachant que son petit-fils a 18 ans ?

43. — Dans une quête pour les pauvres, une première personne recueille 20 fr., une deuxième 17 fr., une troisième 14 fr., une quatrième 110 fr., et une cinquième 1 fr. : dites-nous le montant de la quête ?

44. — Deux terrassiers entreprennent le creusage d'un fossé ; le premier en fait 257 mètres ; le deuxième 292 mètres : quelle est la longueur totale de ce fossé ?

45. — Un homme s'est marié à 25 ans, il a perdu sa femme 14 ans après, il est resté veuf 5 ans, puis a épousé une deuxième femme avec laquelle il a vécu 17 ans ; enfin lui-même est mort 11 ans après sa deuxième femme : quel âge avait-il alors ?

46. — Un père de famille place à la caisse d'épargne une première fois 900 fr., une deuxième fois 819 fr., une troisième fois 975 fr., ayant besoin de son argent, il le retire, et reçoit 180 fr. d'intérêts : quelle somme lui remet-on ?

47. — Ma cuisinière est allée au marché ; elle a acheté pour 3 fr. de fromage, pour 12 fr. de beurre, pour 13 fr. d'œufs, pour 1 fr. d'épices, pour 3 fr. de liqueur ; elle me remet 9 fr. : quelle somme lui avais-je donnée ?

48. — Un marchand achète une coupe de bois ; il en retire 2.650 stères de hêtre, 1.348 stères de charme, 12.054 stères de chêne : combien de stères de bois a-t-il retirés de cette forêt ?

49. — Un ouvrier, en quatorze jours, fait 148 mètres

d'ouvrage, qui lui sont payés 440 fr. ; en 8 autres jours il fait 132 mètres, et on lui paye 260 fr. ; enfin, il travaille encore six jours fait 128 mètres, et reçoit 204 fr. : on demande 1° combien il a travaillé de jours, 2° combien il a fait de mètres d'ouvrage, et 3° combien il a reçu ?

50. — Deux villes sont sur le même méridien, l'une 9 degrés au nord de l'équateur, et l'autre 6 degrés au sud : quelle est la distance de ces deux villes en degrés ?

51. — J'achète une pièce de toile pour 124 fr., je veux gagner 19 fr. sur mon marché : combien dois-je la vendre ?

52. — Je dois acquitter le montant de la facture suivante : mousseline 71 fr., toile 190 fr., flanelle 70 fr., drap 2 19 fr., quelle somme dois-je verser ?

53. — Un ouvrier travaillant à ses pièces reçoit 184 fr. en Janvier, 165 fr. en Février, 160 fr. en Mars : dire la somme totale qu'il a reçue pour son travail de trois mois ?

54. — Trois héritiers se partagent inégalement une succession ; le premier reçoit 22.560 fr., le deuxième 18.400 fr., le troisième 25.000 fr. Le testament porte en plus que 5.800 fr. seront versés pour les hôpitaux, 1.200 fr. à la commune pour réparer divers monuments publics, 560 fr. au curé pour dire des messes pour le défunt, et 2.000 fr. pour être distribués au pauvres : quelle était la fortune du défunt ?

55. — On a mélangé 450 kilogr. de nitre, avec 75 kilogr. de charbon, et 75 kilogr. de souffre, pour faire de la poudre à canon : quel est le poids de la poudre obtenue ?

56. — Charles me doit encore 48 fr. ; il m'a déjà payé 275 fr : combien me devait-il ?

57. — Jules a dans son coffre-fort 250 fr ; il y ajoute successivement 145 fr., 99 fr., 1.447 fr. : quelle somme possède-t-il ?

58. — On compte en Europe 168.000.000 d'habitants, en Asie, 580.000.0000 en Afrique, 192.000.000, en Amérique 265.000.000 habitants ; et en Océanie, 120.00.000 quelle est la population de la Terre ?

59. — En quelle année est mort un homme de 78 ans, né en 1709 ?

60. — Un propriétaire fractionne son terrain en 3 lots ; le premier de 456 ares, le deuxième de 280 ares et le troisième de 1.225 ares : quelle est la surface totale de cette propriété ?

61. Un commis voyageur va de Paris à Rome ; en chemin il fait les dépenses suivantes: de Paris à Lyon, 195 fr.; de Lyon à Turin, 206 fr.; de Turin à Florence 175 fr. ; et de Florence à Rome, 72 fr. ; s'il dépense autant à son retour: quel sera le montant de sa dépense totale ?

62. — Louis IX est monté sur le trône en 1.226, il a régné 44 ans : quelle est l'année de sa mort ?

63. — Un homme est né en 1802 : en quelle année aura-t-il 95 ans ?

64. — Trois personnes se partagent une certaine somme ; la 1re a 75 fr., la 2e 114 fr., la 3e 228 fr., de plus que la seconde : quelle est la part de la 3e et la somme partagée ?

65. — Paul a emprunté une certaine somme : après avoir payé 740 fr., et fait pour 800 fr. de billets, il redoit encore 192 fr. : quelle somme devait-il ?

66. — Un pieu est enfoncé en terre de 1 mètre; le bout extérieur est de 3 mètres : quelle est la longueur totale du pieu ?

67. — Victor a quatre sacs de noisettes; le premier

en contient 725 ; le deuxième 3.730 ; le troisième 4.025 ; et le quatrième 7.108 : combien a-t-il de noisettes en tout ?

68. — La ville de Troie a été prise en 1270 avant J.-C. combien s'est-il écoulé d'années depuis cet événement jusqu'en 1869.

69. — Le poëte latin Virgile naquit près de Mantoue en Italie, 70 ans avant J.-C. : combien y avait-il de temps qu'il était né en 1868 ?

70. — La ville de Genève est à 407 mèt. au-dessus du niveau de la mer, et l'hospice du Mont Saint-Bernard à 2.090 mèt. au-dessus de Genève : quelle est l'altitude de ce mont célèbre ?

71. — De Paris à Senlis on compte 55 kilom. ; 40 de Senlis à Compiègne ; 30 de Compiègne à Noyon ; 30 de Noyon à Saint-Quentin ; 50 de Saint-Quentin à Cambrai ; 45 de Cambrai à Douai ; et 65 de Douai à Lille : quel chemin ferait un voyageur qui se rendrait de Paris à Lille en suivant cet itinéraire.

72. — Une sœur de Charité fait une quête pour les pauvres ; le premier jour elle reçoit 28 fr., le deuxième 53 fr., le troisième 13 fr., le quatrième 10 fr., le cinquième 22 fr., et le sixième 2 fr. : quel est le montant de sa quête ?

73. — Georges va faire les commissions de sa mère ; il achète pour 3 fr. de chandelles, pour 5 fr. de sucre, pour 2 fr. de savon, pour 1 fr. de sel : quelle somme a-t-il dépensée ?

74. — Une personne est née en 1787 : en quelle année aura-t-elle 81 ans ?

75. — Un corps d'armée composé de 86.625 fantassins et 25.850 cavaliers, vient de recevoir un renfort de 22.700 fantassins et de 12.000 cavaliers : de combien d'hommes se compose-t-il maintenant ?

76. — Un père établit ses 4 enfants ; au premier il

1.

donne 16.200 fr., au deuxième 18.460 fr., au troisième 19.580 fr., et au quatrième 20.085 fr., il lui reste encore 45.000 fr. : quelle était sa fortune ?

77. — Un caissier a payé aujourd'hui 4 billets ; le premier est de 625 fr., le deuxième de 757 fr., le troisième de 1.400 fr., et le quatrième de 795 fr. : il lu reste en caisse 15.307 fr. : de quelle somme disposait-il avant le paiement des billets ?

78. — Ernest a obtenu pendant le mois de Mars 1869 : 215 bons points la première semaine, 701 pendant la deuxième, 812 pendant la troisième, 420 pendant la quatrième : combien a-t-il gagné de bons points pendant ce mois ?

79. — Un chef d'institution veut donner une orange à chacun de ses élèves : combien doit-il en acheter, sachant que la première classe contient 13 élèves, la deuxième 36, la troisième 44, et la cinquième 108 ?

80. — Louise avait 12 ans il y a 17 ans ; elle doit se marier dans 9 ans, quel âge aura-t-elle ?

81. — Jules ramène 5 caisses ; la première pèse 9 kilog. la deuxième 5 kilog., la troisième 10 kilog., la quatrième 9 kilog., et la cinquième 11 kilog., quel est le total du chargement ?

82. — Un écolier calcula que depuis 8 ans qu'il est au collège, ses parents ont payé annuellement 850 fr. de pension, 250 fr. pour ses maîtres d'agrément, 175 fr. pour achat de livres et fournitures classiques, 60 fr. de blanchissage, 150 fr. pour son entretien en habillements, et qu'ils lui ont donné 50 fr. pour ses menus plaisirs, il demande à quelle somme annuelle se montent tous ces frais réunis.

83. — Mon cousin Nicolas s'est marié à 22 ans, 2 ans après il eut un fils qui vécut 53 ans, et auquel il survécut 7 ans : à quel âge mon cousin est-il mort ?

84. — A Paris, il est mort en 1842 : à domicile, 8.104 hommes, et 7.423 femmes ; dans les hôpitaux militaires 2.113 hommes, et 3 femmes ; dans les prisons 225 hommes et 161 femmes, on a exposé à la Morgue 235 hommes, et 95 femmes : quel est le nombre des morts de l'un et de l'autre sexe ainsi que le nombre total ?

85. — La différence de deux nombres est 34, le plus petit est 127 : quel est le plus grand ?

86. — J'ai déjà payé 756 fr., je redois encore 347 fr. : combien devais-je ?

87. — Les géographes nous disent : que l'étendue de l'Europe est de 14.749.500 kilomètres carrés ; celle de de l'Asie de 62.073.000 kil. carrés ; celle de l'Afrique 44.887.800 kilom. celle de l'Amérique 65.875.500 kil. carrés ; et celle de l'Océanie de 15.060.000 kil. carrés : quelle est l'étendue totale de la Terre ?

88. — Marie avait un sac de noisettes ; elle en a mangé 120, elle en a donné 400 à sa sœur Louise, 250 à son frère André, et 130 à ses petites amies ; il lui en reste encore 1.500 : combien avait-elle de noisettes en tout ?

89. — Le déluge arriva 2.356 ans avant J.-C. : combien y a-t-il d'années que cet évènement est arrivé en 1868 ?

90. — Un pharmacien retire d'un flacon, à plusieurs reprises, 1.245 gr. de mercure, 1.067 gr. 815 gr. 720 gr., il en reste encore 1.304 gr. : combien y avait-il de grammes de mercure en tout ?

91. — On compte en Europe 210.811.000 habitants, en Asie 543.936.000 habitants, en Afrique 108.213.000 habitants, en Amérique 235.760.000 habitants, en Océanie 29.378.000 habitants : quelle est la population totale du globe terrestre ?

92. — Si j'avais 35 fr. de moins, je pourrais payer 4.538 fr. que je dois, et il me resterait 15 fr. : quelle est la somme que je possède ?

93. — La vocation d'Abraham eut lieu 1.921 ans avant J.-C. : combien de temps s'est-il écoulé depuis cette époque jusqu'en 1868.

94. Ma mère a fait trois achats de toile, le premier est de 134 fr., le deuxième de 170 fr., le troisième de 112 fr. : quelle a été sa dépense totale ?

95. — En 1822, les tribunaux français condamnèrent 314 individus à la peine de mort ; 5.398 à la réclusion, et aux travaux forcés ; 2.409 accusés furent acquittés : quelle est le nombre des sentences rendues pendant le cours de cette année ?

96. — La ville de Rome a été fondée l'an 753 avant J.-C. : combien y a-t-il d'années que cette ville existe 1868 ?

97. — La population d'un département est répartie en 5 arrondissements ; le premier en contient 138.835 ; le deuxième 315.147 ; le troisième 95.142 ; le quatrième 117.110 ; et le cinquième 275.749 : dites-nous la population totale du département ?

98. — Le monde fut créé 4.004 ans avant J.-C. : combien de temps s'est-il écoulé depuis cette époque à 1868 ?

99. — Je prends un nombre ; j'en retranche 248, et il reste 558 : quel est ce nombre ?

100. — Un homme en mourant, lègue 66.840 fr. à sa veuve, 33.420 fr. à son fils, 30.840 fr. à sa fille 600 fr. à son neveu, 342 fr. à une nièce, 195 fr. à l'église, et 1.112 fr. aux pauvres : quel était le montant de sa fortune ?

Additions des nombres décimaux.

101. — Mon père emploie deux ouvriers ; le premier gagne 185 fr., 75 cent. et le second 89 fr., 15 c. : quelle somme faut-il pour les payer ?

102. — On a pris dans une caisse une première fois 125 kilog. 150 gr. de café, et une deuxième fois 175 kilog. 500 gr. : quel était le poids de cette caisse ?

103. — Henri a placé à la caisse d'épargne 85 fr., 50 cent. le 1er Janvier, et 137 fr., 40 cent. le 3 Mars : quel est le montant de ces deux placements ?

104. — Une ménagère a acheté pour 17 fr. 35 cent. de savon, 7 fr. de sucre, 10 fr. 50 cent. de confitures, et 3 fr. d'huile : combien doit-elle payer ?

105. — Antoine a reçu pour ses étrennes 22 fr. de son père, 15 fr., 50 cent. de sa mère, 1 fr., 30 cent. de son oncle, et 3 fr., de sa tante : combien a-t-il reçu en tout ?

106. — On a vendu 45 mèt. 30 cent. d'une pièce de toile, il en reste encore 37 mèt. 70 cent : quel était la longueur de la pièce ?

107. — Mon voisin doit les quatre sommes suivantes 532 fr., 40 cent. 854 fr., 730 fr., 85 cent. et 465 fr., 25 cent. : dites-nous le total de sa dette ?

108. — J'expédie par le chemin de fer 3 ballots ; le premier pèse 236 kilog. 065 gr., le deuxième 325 kilog. 130 gr., le troisième 174 kilog. 500 gr. : quel est le poids total de mon envoi ?

109. — On a percé 6 rues dans une ville : la première a 320 mèt. 50 cent., la deuxième 519 mèt. 20 cent., la troisième 403 mèt. 70 cent., la quatrième 719 mèt., la cinquième 685 mèt., et la sixième 830 mèt. 40 cen:t. quelle est la longueur totale de ces rues ?

110. — Un ouvrier a gagné 3 fr. 95 cent. le Lundi, 3 fr. 75 cent. le Mardi, 2 fr. 25 cent. le Mercredi, 4 fr. le Jeudi, 3 fr. 30 cent. le Vendredi, et 5 fr. le Samedi : quelle somme a-t-il reçue à la fin de la semaine ?

111. — On veut remplir de vin 4 tonneaux ; le premier contient 2 hect. 45 lit., le deuxième 3 hect. 05 lit., le troisième 3 hect., et le quatrième 2 hect. 35 lit. : combien faudra-t-il de litres ?

112. — On a acheté une jument 950 fr. 40 cent., on la change contre un cheval, et on donne en retour 145 fr. 65 cent. : combien coûte ce cheval ?

113. J'achète de la marchandise pour 1.408 fr. 35 c., je veux gagner 430 fr. 65 cent. sur mon marché : combien dois-je vendre cette marchandise ?

114. — Un ouvrier a reçu les sommes suivantes : en Janvier 175 fr. 15 cent., en Février 142 fr. 75 cen., en Mars 103 fr. 85 cent., en Avril 75 fr. 30 cent., en Mai 136 fr., en Juin 100 fr. 25 cent., en Juillet 221 fr. 25 cent., et en Août 349 fr. 05 cent. : il a chômé le reste de l'année : quelle est la somme totale qu'il a reçue?

115. — Un marchand drapier a servi 3 pratiques dans sa journée ; la première a acheté pour 45 fr. 45 cent. de toile ; la deuxième 168 fr. de drap, et la troisième pour 37 fr. 40 cent. de calicot : quelle somme le marchand a-t-il reçue ?

116. — J'ai acheté 3 pièces de calicot ; la première a 165 mèt. 35 cent., la deuxième 95 mèt. 75 cent., la troisième 107 mèt. : quelle est la longueur totale des trois pièces !

117. — Charles veut payer ses 5 ouvriers; le premier doit recevoir 195 fr. 35 cent., le deuxième 219 fr. 80 cent., le troisième 148 fr., le quatrième 87 fr., et le cinquième 212 fr. 60 cent. : dites-nous le total des sommes qu'il doit verser?

118. — Un relieur a fait 2 livraisons; la première est de 185 volumes pour 312 fr. 40 cent.; la deuxième de 249 volumes pour 742 fr. combien a-t-il livré de volumes et quelle somme a-t-il reçue?

119. — Je dois 450 fr. à mon boucher, 679 fr. 75 c. à mon boulanger, et 329 fr. à mon épicier : combien dois-je en tout?

120. — Un épicier a reçu 5 caisses de savon; la première pèse 125 kilog. 300 gr.; la deuxième 75 kilog.; la troisième, 147 kilog. 027 gr.; la quatrième, 131 kilog.; et la cinquième, 95 kilog. 125 gr. : quel est le poids total de cet envoi?

121. — Paul a acheté les objets suivants : un chapeau 11 fr. 25 cent., un habit 95 fr., un pantalon 37 fr. 30 cent., un gilet 15 fr., une paire de bottes 22 fr. 75 cent., et des pantoufles 7 fr. 80 cent. : combien a-t-il dépensé?

122. — Jacques a employé 4 ouvriers pendant une semaine; le premier a gagné 19 fr. 35 cent., le deuxième 32 fr. 95 cent., le troisième, 20 fr., et le quatrième 55 fr. 70 cent : quelle somme totale a-t-il payée?

123. — Un boucher a débité 3 bœufs; le premier pesait 528 kilog. 500 gr., le deuxième 310 kilog. 125 gr., et le troisième 900 kilog. 100 gr. : combien a-t-il vendu de kilog. de viande?

124. — Barthélemy a reçu 6 pièces de drap : la première a 47 mètres 75 cent., la deuxième 25 mètres 90 cent., la troisième 91 mètres 35 cent., la quatrième 76 mètres 20 cent., la cinquième 42 mètres, et la sixième 30 mètres : combien y a-t-il de mètres en tout?

125. — Julie a acheté pour 0 fr. 75 cent. de fil, 0 fr. 20 cent. d'aiguilles, 0 fr. 35 cent. de coulisse, 2 fr. 15 cent. de canevas, et 18 fr. 35 cent de laine : combien a-t-elle dépensé?

126. — Bernard a acheté 3 pièces de vin : la première contient 235 litres, et coûte 75 fr. 25 cent. ; la deuxième, 254 litres, coûte 79 fr. ; la troisième mesure 235 litres pour 185 fr. 25 cent : combien a-t-il de litres de vin et pour quelle somme?

127. — Quelle est la longueur d'un pieu, enfoncé en terre de 0 mètre 95 cent., et dont le bout extérieur s'élève à 3 mètres 45 cent. ?

128. — Amédée a hérité de 3 pièces de terre, la première contient 38 hect. 46 ares ; la deuxième a 19 hect. 20 ares ; la troisième 27 hect. 06 ares : quelle est la contenance des trois terres?

129. — Un marchand qui devait 8.508 fr., a reçu un nouvel envoi de 4.075 fr. 35 cent. : combien doit-il?

130. — Henri a acheté des marchandises pour 175 fr., il veut gagner 45 fr. : combien doit-il les vendre?

131. — On a retiré d'une bourse, d'abord 24 fr. 75 centimes., ensuite 45 fr. 80 cent., puis 10 fr. 25 cent., il reste encore 179 fr. 40 cent. ; combien la bourse contenait-elle d'argent?

132. — Une servante fait deux emplettes pour ses maîtres; l'une est de 18 fr. 75 cent., et l'autre de 22 fr. 25 cent. : quelle somme a-t-elle dépensée?

133. — J'ai payé une dette de 1.345 fr. 35 cent. et il me reste encore 428 fr. : combien avais-je en caisse?

134. — En une seule journée, un receveur a perçu les sommes suivantes : 42 fr. 75 cent., 137 fr., 207 fr., 10 cent., et 342 fr. : dites-nous le total de la recette?

135. — Un marchand de bois en a vendu 45 st. 5 décist. à Julien, 62 st. à Ernest, 48 st. 6 décist. à Gérome, 284 st. à Antoine : combien de stères a-t-il vendus ?

136. — Un père de famille doit acquitter trois factures; la première de 35 fr. 45 cent., la deuxième de 27 fr., et la troisième de 107 fr. 75 cent. : quel est le total de ces trois sommes ?

137. — J'ai acquitté 4 billets; le premier de 1.625 fr. 50 cent., le deuxième de 922 fr., le troisième de 400 fr. 75 cent., le quatrième de 1.025 fr. : quelle somme m'a-t-il fallu ?

138. — Gros-Jean a payé 1.675 fr. pour 75 mètres 45 cent., d'ouvrage, 925 fr. 05 cent. pour 205 mètres, 7.995 fr. 60 cent., pour 264 mètres 35 cent., et 10.000 fr. pour 4.300 mètres : combien a-t-il déboursé, et quel est le nombre de mètres qu'on a faits ?

139. — Marguerite a acheté 3 bijoux : le premier pèse 3 gr. 435 milligr., et coûte 15 fr. 35 cent. le deuxième pèse 45 gr. 06 cent. pour 208 fr. 95 cent.; et le troisième pèse 356 gr., pour 1.920 fr : quel est le poids total des bijoux, et la somme qu'ils ont coûté ?

140. — Georges voulant s'établir a acheté pour 700 fr. de meubles, pour 325 fr. 75 cent. d'habillements; pour 315 francs de toile, pour 2.628 fr. 90 cent. d'instruments d'agriculture, pour 165 fr. 50 cent. de livres, pour 137 fr. de batterie de cuisine, pour 75 fr. 75 cent. de faïence, pour 3.729 fr. de bétail, un chariot pour 825 fr, et un tombereau pour 675 fr. : combien a-t-il dépensé ?

141. — Un courrier fait le premier jour 128 kilomètres et dépense 33 fr. 50 cent., le deuxième jour 139 kilomètres et dépense 47 fr. 35 cent. sa course le troisième jour est de 129 kilomètres et sa dépense de 50 fr. 45

cent. ; enfin le quatrième jour il fait 195 kilomètres, et dépense 70 fr.. Quelle a été sa dépense, et quel chemin a-t-il parcouru ?

142. — Victorine vient d'acheter trois pièces de toile : la première mesure 52 mètres 35 cent.. et coûte 184 fr., 25 cent. la deuxième a 72 mètres 05 cent.. et coûte 128 fr. 90 cent. ; la troisième est de 195 mètres et vaut 208 fr.. Combien a-t-elle acheté de mètres de toile et pour quelle somme ?

143. — Un grainetier a trois livraisons à faire : la première de 1.670 hectolitres 60 litres, la deuxième de 595 hectolitres, la troisième de 1.389 hectolitres 49 litres, combien doit-il livrer d'hectolitres ?

144. — Amédée veut acheter une propriété composée d'un potager mesurant 76 ares 45 cent., d'un verger de 505 ares 75 cent.. d'un pré contenant 145 ares, et d'un bois taillis de 3.795 ares 65 cent. Qu'elle est l'étendue totale de cette propriété ?

145. — Le régisseur d'une fonderie a acheté pour son établissement : 1.623 stères de bois pour 19.743 fr., 25 cent. 8.620 stères pour 80.058 fr.. 75 cent. ; 1.730 stères, pour 14.828 fr.. : combien a-t-il acheté de stères de bois, et pour quelle somme ?

146. — Un négociant en toile reçoit un envoi, comprenant selon facture les objets suivants : une pièce de 142 mètres 30 cent. pour 1.787 fr., 90 cent. ; une deuxième me mesurant 129 mètres pour 1.400 fr., une troisième de 263 mètres 10 cent. valant 263 fr., et enfin une quatrième pièce mesurant 178 mètres 50 cent. au prix de 320 fr., 75 cent. Combien a-t-il reçu de mètres, et pour quelle somme ?

147. — Un négociant vend 3 mètres 75 cent. de drap pour 110 fr. 80 cent. ; 16 mètres 50 cent. de casimir, pour 42 fr., 25 cent. ; 34 mètres, de ratine pour

374 fr.; et 409 mètres de calicot, pour 488 fr., 75 cent. Quel est le montant de sa facture et combien a-t-il livré de mètres d'étoffe en tout?

148 — Arthur a acheté une maison pour 58.600 fr., les frais se sont montés à 2.935 fr.; il a dû y faire pour 2.375 fr., de réparations; il veut la revendre et gagner 3.555 fr., 55 cent. sur son marché; quelle somme recevra-t-il?

149. — Un orfèvre m'a livré les objets suivants : une bague pesant 6 grammes 05 cent, des boucles d'oreilles pesant 22 grammes 47 cent. un camée du poids de 67 grammes, et une épingle pesant 10 gram. 28 cent, dites-nous le poids de ces divers objets?

150. — Un épicier reçoit 1.475 kilogr. 500 grammes de café, et 575 kilog. de sel dites-nous le poids total de l'envoi?

151. — Mon voisin Benoît me dit : je dois livrer trois pièces de drap, la première de 96 mètres 75 cent., la deuxième de 142 mètres 25 cent.; et la troisième de 175 mètres. Combien doit-il livrer de mètres en tout?

152. — Un garçon de banque en tournée de recettes, reçoit les sommes suivantes : 1.246 fr; 628 fr. 50 cent; 1.765 fr. 25 cent., 829 fr.; quelle somme doit-il verser au caissier à son retour?

153. — Henri s'est habillé tout de neuf aujourd'hui, il a payé un chapeau 14 fr. 50 cent.; un habit 85 fr., un pardessus 130 fr. 45. cent; un pantalon 25 fr. un gilet 18 fr. 45 cent.; une chemise 10 fr., 75 cent.; une paire de chaussettes, 2 fr., et une paire de bottes 25 fr., combien a-t-il dépensé pour sa toilette?

154. On charge un commissionnaire de porter les six paquets suivants : le premier pèse 4 kilog. 250 gram.; le deuxième 26 kilog. 500 gram.; le troisième 2 kilog. 025 gram.; le quatrième, 17 kilog.

165 gr. ; le cinquième 2 kilog. 370 gram., et le sixième 0 kil. 400 gr. de quel poids est-il chargé ?

155. — Antoine veut louer trois pièces de terre : la première mesure 147 hect. 35 ares ; la deuxième, 74 hect., et la troisième, 150 hect. 05 ares : quelle est l'étendue de la ferme qu'il désire exploiter ?

156. — Trois ballots pèsent : le premier 75 kilog. 045 gr. ; le deuxième, 245 kilog. 725 gr., et le troisième 338 kilog. 030 gr. : quel est le poids du chargement ?

157. — Un boucher a débité quatre bœufs : le premier pesait 435 kilog. 5 hect. ; le deuxième, 551 kilog.; le troisième, 619 kilogr. 7 hect., et le quatrième, 494 kilog., 8 hect. : combien a-t-il vendu de kilog. de viande en tout ?

158. — Auguste vient de s'établir ; il a acheté pour 545 fr. de meubles, 372 fr. de linge, 436 fr. 75 c. d'habillements, 2.576 fr. 25 c. de marchandises, et 600 fr. 40 c. de provisions de bouche : quelle somme a-t-il déboursée ?

159. — Un marchand achète quatre pièces de vin ; la première en contient 525 litres 35 cent. ; la deuxième 301 lit. 75 cent. ; la troisième, 245 lit. 75 cent., et la quatrième 420 lit. : quelle est la contenance de ces quatre pièces ?

160. — Le 1er Janvier dernier, Eugène avait quatre billets à payer : le premier de 428 fr. 75 c.; le deuxième, de 395 fr. 25 c.; le troisième, de 601 fr. 40 c., et le quatrième, de 279 fr. : quelle somme totale a-t-il payée ?

161. — Une personne a 445 francs en or, 1.675 fr. 20 c. en argent, 3.750 fr. en billets de banque, et 2.792 fr. 75 c. en autres valeurs : quelle somme possède-t-elle ?

162. — Un propriétaire a quatre locataires : le premier lui doit 250 fr. 25 c. ; le deuxième, 60 fr. 80 c.; le troisième, 728 fr. ; le quatrième, 12 fr. seulement : quelle somme recevrait-il si tous le payaient exactement ?

163. — Un charretier conduit trois voitures de blé à un boulanger : la première contient 28 sacs ; la deuxième, 20 ; la troisième, 18 : combien a-t-il reçu de sacs en tout ?

164. — Dans une école, 217 élèves sont en vacances, et 29 sont restés par punition : combien y a-t-il d'élèves en tout ?

165. — Un voiturier a sur sa voiture une caisse de riz pesant 72 kilog. 35 décag. ; un sac de 100 kilog. 10 décag. ; 438 kilog. de fer forgé, et 525 kilog. 09 décag. de sucre : quel est le poids de son chargement ?

166. — Paul avait dans sa bourse 95 fr. 30 c.; il a gagné 38 fr. 75 c. ; son père lui a donné 28 fr. et sa mère 10 fr. : à quelle somme se monte son petit trésor ?

167. — Notre ménagère a acheté ce matin pour 3 fr. 45 c. de pain, 4 fr. 25 c. de viande, 0 fr. 95 c. d'œufs et 1 fr. 75 c. d'autres denrées alimentaires : à combien se monte sa dépense ?

168. — Un maître de pension a reçu de son boulanger une livraison de 45 pains, une deuxième de 39 pains et une troisième de 42 pains : combien de pains a-t-il reçus en tout ?

169. — Les caissons d'un corps d'armée contenaient un certain nombre de cartouches; on en a brûlé 28.741 dans une escarmouche, et il en reste encore 318.480 : combien en contenaient-ils ?

170. — Un épicier livre la commission suivante : 7 caisses de sucre pesant ensemble 1.725 kilog. pour 2.250 fr. 75 c.; 5 caisses de savon contenant 875 kilog. 350 gr. pour 418 fr. 25 c. ; 6 caisses de chocolat pesant 837 kilog. 250 gr. pour 719 francs : combien envoie-t-il de caisses en tout, quel est le poids total du chargement, et la somme qu'on doit lui payer ?

171. — Demain, mon caissier doit acquitter cinq billets; le premier de 250 francs; le deuxième de 1.280 fr. 50 c. ;

le troisième de 868 fr. 45 c. ; le quatrième de 1.728 fr.
et le cinquième de 901 fr. : quelle somme doit-il verser ?

172. — Mon fermier a vendu pour 3.905 fr. 45 c. de blé,
1.020 fr. de seigle, 850 fr. 65 c. d'orge ; 700 fr. d'avoine
et 6.752 fr. de foin : quel est le montant de ces ventes ?

173. — Un menuisier a construit deux escaliers,
l'un de 125 marches et l'autre de 190 : combien a-t-il
fait de marches en tout ?

174. — Dans une pépinière il y a 1.895 pommiers,
947 cerisiers, 1.027 poiriers, 431 pruniers, 317 néfliers,
400 abricotiers et 320 pêchers : dites-nous le nombre
total des arbres ?

175. — Un père de famille gagne 42 fr. 75 c. par
semaine ; sa femme, 19 fr. 35 c. ; ses deux filles, 32 fr., et
son fils 30 fr. : quel est le gain total de la famille ?

176. — Ma tante Julie doit les sommes suivantes :
225 fr. à son voisin, 48 fr. 75 c. à son épicier, 37 fr. 45 c.
à sa couturière, et 1.560 francs à son notaire : quelle
somme doit-elle se procurer pour acquitter ses dettes ?

177. — Mon voisin le marchand de fer a fait hier
les livraisons suivantes : 384 kilog. pour 289 fr. 25 c. ;
395 kilog. pour 209 fr. ; 628 kilog. pour 318 fr. 30 c. ;
429 kilog. pour 320 fr. : il demande combien il a vendu
de kilog. de marchandise et pour quelle somme ?

178. — Le compte annuel d'un ouvrier contient les
articles suivants : reçu 145 fr. 50 c. pour 43 journées ;
160 fr. 75 c. pour 60 journées ; 172 fr. pour 57 journées, et 809 fr. 40 c. pour 112 journées : combien a-
t-il reçu, et combien a-t-il travaillé de jours ?

179. — Deux paysans ont défriché un terrain ; le
premier a fait 175 journées et le second 145 : combien
ce travail a-t-il exigé de journées ?

180. — Un garçon de café prend 120 verres dans un
panier, il en reste 118 : combien en contenait-il ?

181. — Mathurin a acheté 648 kilog. de foin pour 84 fr. 75 c. ; 408 kilog. pour 57 fr. 25 c., et 2.288 kilog. pour 158 francs : combien a-t-il acheté de kilog. et pour quelle somme ?

182. — Ernest a gagné les sommes suivantes : le Lundi 12 fr. 85 c. ; le Mardi, 10 fr. 75 c. ; le Mercredi, 12 fr. 25 c. ; le Jeudi, 19 fr. 45 c. ; le Vendredi, 11 fr. ; le Samedi, 15 fr. ; il s'est reposé le Dimanche : combien a-t-il gagné dans sa semaine ?

183. — Un cultivateur a récolté 2.395 hect. 35 lit. de blé, 1.847 hect. de seigle, 1.085 hect. d'orge, 3.820 hect. d'avoine, et 2 hect. 45 lit. de haricots : combien a-t-il récolté d'hectolitres en tout ?

184. — Maurice a vendu 4 pièces de drap : la première mesurait 34 mèt. 45 cent. ; la deuxième, 27 mèt. 60 cent. ; la troisième, 42 mèt. ; et la quatrième, 18 mèt. 30 cent. : combien a-t-il vendu de mètres en tout ?

185. — Un épicier reçoit 5 caisses de savon ; la première pèse 136 kilog. 300 gr. ; la deuxième, 128 kilog. 030 gr. ; la troisième 132 kilog. ; la quatrième, 95 kilog. 370 gr., et la cinquième, 135 kilog. 125 gr. : quel est le poids total du chargement ?

186. — Antoine réclame à un négociant le paiement des factures suivantes : la première est de 1.362 fr. 25 c. ; la deuxième, de 1.415 fr. 75 c. ; la troisième, de 530 fr., et la quatrième, de 345 fr. : quelle somme recevra-t-il ?

187. — Un propriétaire a vendu un terrain en 5 lots : le premier contient 17 ares pour 11.725 fr. 40 c. ; le deuxième, 7 ares pour 2.459 fr. 75 c. ; le troisième, 12 ares pour 24.782 fr. ; le quatrième, 18 ares pour 32.788 fr. 60 c. ; et le cinquième, 6 ares pour 9.625 fr. : combien a-t-il vendu d'ares, et pour quelle somme ?

188. — Le caissier de Jules a reçu 3.815 fr. 35 c. en

espèces, 19.000 fr. en billets de banque, et 3.745 fr. 75 c. en billets à ordre : quelle est le montant de sa recette?

189. — Arthur a acheté une maison pour 7.654 fr. ; un pré pour 1.675 fr. 60 c. et une vigne pour 2.113 fr. 40 c. : quel est le montant de ses achats?

190. — Mathurin est né en 1772; il a vécu 20 ans chez ses parents, est parti pour l'armée où il est resté 21 ans; il a vécu 39 ans après sa mise en retraite : en quelle année est-il mort?

191. — Notre voisin l'épicier a reçu 4 caisses d'oranges, et il me charge de les compter : la première en contient 415, la deuxième 380, la troisième 810, et la quatrième 730 : combien les 4 caisses en contiennent-elles en tout?

192. — Un aubergiste a acheté 4 pièces de vin; la première contient 230 lit., la deuxième, 225 lit. 30 cent. la troisième 235 lit., et la quatrième, 242 lit. 25 cent. : combien a-t-il reçu de litres en tout?

193. — Un marchand drapier en a reçu 6 pièces ; la première mesure 25 mèt. 75 cent.; la deuxième 24 mèt. 40 cent. ; la troisième 28 mèt. 45 cent.; la quatrième 29 mèt. 30 cent. ; la cinquième 30 mèt. 28 cent., et la sixième, 40 mèt. : combien de mètres a-t-il reçus?

194. — Antoine est allé en recettes ; Jules lui a donné 48 fr. 35 c., André 132 fr. 60 c., Barnabas 64 fr. 05 c., Timothée 118 fr. 45 c. : quelle somme totale a-t-il rapportée?

195. — Notre flottille des Antilles se compose de 5 vaisseaux de ligne blindés, portant 395 canons; de 12 frégates, armées de 322 canons, et de 32 chaloupes canonnières, portant 390 canons : combien cette flotte compte-t-elle de navires et de canons?

196. — Ma tante Catherine a trois bourses; la première, destinée à ses aumônes, contient 348 fr. 75 c. ; la deuxième, destinée à ses dépenses annuelles, renferme 3.475 fr. 45 c.; la troisième, destinée à des dons pour ses parents, ne contient que 145 fr. 25 c. : quelle est la somme totale renfermée dans les trois bourses ?

197. — Bernard doit 3.737 fr. 65 c. à Jean, 4.003 fr. 35 c. à Antoine, 632 fr. à Jérôme, 438 fr. à Mathurin : combien doit-il en tout ?

198. — Auguste me dit : Je devais une certaine somme ; j'ai remboursé une première fois 428 fr. 45 c.; une deuxième fois 732 fr. 20 c. ; et une troisième fois, 102 fr. : combien devais-je en tout ?

199. — Paul avait acheté du drap pour 3.632 fr. 65 c.; il le revend, et gagne 1.245 fr. 15 c. : combien l'a-t-il revendu ?

200. — Dans un marché il s'est vendu 1.328 bœufs, 2.338 vaches, 7.133 moutons, 408 veaux et 172 chevaux : combien a-t-on vendu d'animaux en tout ?

PROBLÈMES

sur

la Soustraction des Nombres entiers

----

201. — Une personne naquit en 1838 : quel âge a-t-elle en en 1868?

202. — Quel nombre deviendrait 2.725 si l'on y ajoutait 1.709 ?

203. — Amélie a 25 fr.; elle en donne 15 aux pauvres : combien lui en reste-t-il ?

204. — Si l'on ajoutait 47 fr. à ce que renferme la bourse de Louise, elle aurait 115 fr. : quelle somme possède-t-elle?

205. — Une personne écrit deux nombres, le plus grand est 198, la différence du plus petit au plus grand est 89 : quel est le plus petit?

206. — Un joueur perd 63 fr. sur 114 fr. qu'il avait dans sa bourse : que lui reste-t-il ?

207. — La différence de deux nombres est 1.760, le plus grand est 2.400 : quel est le plus petit?

208. — Sur une somme de 3.010 fr.; on a payé 1.644 fr. : combien doit-on encore ?

209. — Pendant une certaine année, il naquit en Europe 6.431.730 personnes, et il en mourut 5.049.942 : de combien les naissances ont-elles surpassé les décès?

210. — Un régiment composé de 1.840 hommes en a eu 742 de tués, 12 ont disparu, 325 sont morts à l'hôpital; il n'a reçu que 250 recrues : combien doit-il encore en recevoir pour être au complet?

211. — Je possédais 7.204 fr. ; j'en dépense 5.090 : combien me reste-t-il?

212. — Je devais 13.094 fr. ; je donne à compte 4.562 fr. : que dois-je encore?

213. — Un ouvrier gagne 5 fr. par jour, sa femme 3 fr., et tous ses enfants réunis 6 fr. : la dépense journalière de la famille est de 9 fr. : quelle est l'économie de chaque jour?

214. — Un voiturier a 5.050 kilog. de plomb sur sa voiture; les chemins deviennent mauvais, il décharge 3.054 kilog. : avec quel chargement continue-t-il sa route?

215. — Un négociant achète 136 mèt. de drap, il en revend 115 mèt. : combien lui en reste-t-il?

216. — Auguste fait une addition au tableau; il y a 5 nombres, son total est 127.663; un de ses voisins efface un des nombres, les 4 restant sont : 6.734, 6.744, 105.825 et 7.360 : quel est le cinquième?

217. — Dans une ville, on compte 28.724 habitants, la peste en enlève 9.887 : combien en reste-t-il?

218. — Je dois avoir ma part d'un héritage montant à 95.045 fr.; mes cohéritiers ont pour leur part 54.749 fr. : que me revient-il?

219. — Dans un magasin de bois, se trouvent 36.595 stères; on en vend 1.977 stères : combien en reste-t-il?

220. — Une brodeuse a fait pour 145 fr. d'ouvrage, dont une partie se trouve mal fait; on lui retient 38 fr. : combien doit-elle recevoir?

221. — On a acheté 19.478 stères de bois; le marchand n'en a livré que 4.379 : combien doit-il encore en fournir?

222. — Un père a 32 ans à la naissance de son premier enfant, 36 ans à la naissance du deuxième, 41 ans à la naissance du troisième : quel sera l'âge de ses enfants, lorsque le père aura 73 ans ?

223. — La quatrième branche des Rois capétiens, dite des Valois, monta sur le trône en 1515 ; le dernier souverain de cette famille mourut en 1589 : combien d'années cette branche occupa-t-elle le trône de France ?

224. — Je devais 1.705 fr. ; j'ai payé 847 fr. : combien dois-je encore ?

225. — Quel nombre deviendrait 950, si l'on y ajoutait 145 ?

226. — La différence de deux nombres est 164, le plus grand est 1.510 : quel est le plus petit ?

227. Le premier concile général se tint à Nicée en 325 et le deuxième à Constantinople en 381 : combien s'est-il écoulé d'années entre ces deux conciles ?

228. — Un voyageur a 615 kil. à parcourir en trois semaines ; la première il en fait 239 ; la deuxième 307 : quel chemin parcourra-t-il pendant la troisième ?

229. — Avant de jouer, Charles avait 83 billes, maintenant il en a 165 : combien en a-t-il gagné ?

230. — On a acheté une maison 38.780 fr. : combien a-t-on gagné, si on l'a revendue 45.500 fr. ?

231. — Une ville comptait 15.704 habitants ; la peste en a enlevé 7.856 : combien en reste-t-il ?

232. — Un père et son fils ont ensemble 164 ans ; le père en a 93 ; dites-nous l'âge du fils ?

233. — Que faut-il ajouter à 1.510 fr., pour avoir 1.817 fr. ?

234. — Il faudrait 1.083 arbres pour border une route ; on n'en a que 808 : combien en manque-t-il ?

235. — Un menuisier avait 1.584 met. de plinthes à

faire; il en a déjà fabriqué 1.028 mèt. : combien doit-il encore en faire?

236. — Charles a commandé une voiture du prix de 735 fr.; le charron ne l'ayant pas faite selon le plan donné il ne veut la lui payer que 550 fr. : combien l'ouvrier perdra-t-il?

237. — On compte à Lyon 149.700 hab., tandis que Marseille n'en possède que 130.090 : dites-nous la différence de population de ces deux villes?

238. — La lieue terrestre était anciennement de 4.500 mèt., et la lieue marine de 5.700 mèt.: qu'elle était la différence entre ces deux mesures itinéraires?

239. — Si j'ajoutais 1.759 à un nombre, il deviendrait 8.013 : quel est ce nombre?

240. — Deux sœurs ont ensemble 49 ans, la plus jeune en a 22 : quel est l'âge de l'aînée?

241. — Mexico, la capitale du Mexique, est bâtie à 2.285 mèt. au-dessus du niveau de l'Océan; et Briançon, la ville la plus élevée de France, est à une hauteur de 1.305 mèt.: dites la différence du niveau entre ces deux villes?

242. — Louis XV réunit la Lorraine à la France, en 1.737 : combien d'années se sont écoulées de cette annexion à 1869?

243. — J'ai acheté un terrain 4.500 fr.; pour l'améliorer, j'ai dépensé 2.570 fr., puis je l'ai revendu 9.000 fr. : combien ai-je gagné?

244. — Sur 876 fr. que l'on devait à un ouvrier, on ne lui donne que 185 fr. : combien lui redoit-on?

245. — La surface totale du globe terrestre est évaluée à 127.204.000 kil. carrés; celle des terres à 32.641.500 kil. carrés; qu'elle est : 1° l'étendue des mers; 2° l'excédant de l'étendue des mers sur celle des terres?

246. — Jacques avait 32 ans lorsque son fils naquit : lorsque le père aura 100 ans, quel sera l'âge du fils ?

247. — Deux héritiers veulent se partager 167.548 fr. ; le premier doit prélever 55.657 fr. : quelle sera la part du second ?

248. — Un banquier a reçu dans une semaine les sommes suivantes : le Lundi, 8.436 fr. ; le Mardi, 3.829 fr. ; le Mercredi, 10.975 fr. ; le Jeudi, 4.689 fr. ; le Vendredi, 6.774 fr. ; le Samedi, 19.029 fr. ; il a payé dans le même temps, 39.800 fr. : dites-nous l'excédant de ses recettes ?

249. — Mon menuisier m'a fait un secrétaire estimé 275 fr., une armoire pour 325 fr., et une table ronde pour 45 fr. ; je lui ai donné à compte 510 fr. : combien lui redois-je ?

250. — Une maison a coûté 17.525 fr. ; on y a fait pour 5.700 fr. de réparations ; on l'a revendue 24.000 fr. : combien a-t-on gagné sur ce marché ?

251. — Le Dalwalagéri, dans la chaîne du Thibet, le pic le plus élevé du globe est à 8.026 mèt. au-dessus du niveau de la mer ; et le Mont-Blanc, le point le plus élevé de l'Europe, à 4.200 mèt. : quelle est la différence de hauteur de ces deux monts ?

252. — Que faut-il ajouter à 437 unités, pour avoir 7.000 unités ?

253. — Deux marchands associés achètent 28,980 mèt. d'étoffe ; le premier en prend 13.192 : combien en reste-t-il au second ?

254. — Une personne pieuse laisse une fortune de 20.860 fr. ; elle lègue 5,400 fr. aux pauvres, 2.735 fr. à l'église, et le reste à ses parents : combien ces derniers auront-ils ?

255. — Une caisse d'oranges en contient 523, et une seconde caisse 480 ; on en prend 87 sur la première que l'on met dans la deuxième : combien les deux caisses en contiennent-elles alors?

256. — Un marchand de vin reçoit une commande de 500 bouteilles de ce liquide; il fait deux livraisons de chacune 155 bouteilles : combien en doit-il encore livrer?

257. — La population de Londres est évaluée à 3.175.000 habitants, et celle de Paris à 2.400.000 âmes : dites-nous la différence entre ces deux populations?

258. — De combien 45 unités surpassent-elles 14 unités?

259. — Paul devait 14.599 fr.; il a donné à compte un billet de 2.000 fr., un autre de 2.947 fr., et enfin 6.737 fr. en espèces : quelle somme redoit-il encore?

260. — Un marchand de blé doit en livrer en différentes fois 900 hectol. pour une somme de 16.000 fr.; la première fois il en conduit 325 hectol., la deuxième, 125; il reçoit alors 11.795 fr. : combien doit-il encore livrer d'hectol., et quelle somme lui sera due?

261. — Un caissier a reçu 61.994 fr. pendant le mois de Janvier, 17.712 fr. en Février, 37.900 fr. en Mars; il a payé 37.834 fr. en Janvier, 32.084 fr. en Février, et 30.808 fr. en Mars : combien a-t-il trouvé dans sa caisse le 1er Avril?

262. — Dans trois vignes un propriétaire a récolté 1.080 hect. de vin; dans la première il a fait 625 hectol., et dans la deuxième 495 : quelle a été la récolte de la troisième?

263. — Les astronomes évaluent le plus grand éloignement de la Terre au Soleil à 105.256.296 kil. et le moindre à 100.776.536 : dites-nous la différence entre ces deux distances?

264. — Trois associés ont formé un capital de 167.890 fr.; la mise du premier est de 65.565 fr.; celle du deuxième de 27.427 fr. : quelle est la mise du troisième?

265. — Un marchand de bois doit m'en livrer en quatre fois 900 stères pour 18.000 fr.; la première fois il m'en a livré 250 st.; la deuxième 354 st.; la troisième 315 st.; combien doit-il encore m'en livrer et quelle somme lui devrai-je, sachant que j'ai versé d'abord 5.000 fr., puis 6.000 fr. et enfin 3.985 fr.?

266. — J'ai acheté 4,345 kilog. de sucre pour 7.120 fr.; on m'en a livré 2,795 kilog., et j'ai donné à compte 2.315 fr. : combien dois-je encore recevoir de kilog., et quelle somme redevrai-je?

267. — Quelle est la différence de hauteur de la tour de Strasbourg et du Panthéon, sachant que la première a 142 mèt. d'élévation et le Panthéon 72 mètres?

268. — Je vends une voiture 745 fr., et je gagne 134 fr. : à combien me revenait cette voiture?

269. — Un vase vide pèse 18 kilog.; plein d'eau, il pèse 113 kilog. : quel est le poids net du liquide?

270. — L'Himalaya, en Asie, a 7.821 mèt. d'élévation, et le Mont-Blanc, la plus haute montagne de l'Europe, a 4.810 mèt. : de combien de mèt. la première surpasse-t-elle la seconde?

271. — Arthur a dépensé 650 fr. pour sa nourriture, 325 fr. pour son habillement, 280 fr. pour son loyer, et 110 fr. pour menues dépenses : combien lui reste-t-il sur son gain, qui est de 3,400 fr.?

272. — Dans une coupe de bois, on a débité 1.375 st. de chêne, 430 st. de frêne, 1.849 st. de bouleau, et 1.029 st. de hêtre; on a déjà vendu 1.029 st. de hêtre, 875 st. de chêne : combien de stères de bois a-t-on débité, et combien en reste-t-il à vendre?

273. — Les rois Mérovingiens ont commencé à régner en 420, les Carlovingiens en 752, les Capétiens en 987; la République a commencé en 1792, le premier Empire en 1804, la Restauration en 1814; Louis-Philippe régna en 1830 ; il fit placé à la deuxième République en 1848 ; enfin le deuxième Empire commença en 1852 : on demande la durée du règne de chacune de ces races et de ces divers gouvernements ?

274. — En 1313, la population de Paris était de 123.000 habitants ; en 1817 elle était de 713.000 âmes, et en 1869 elle est de 2.210.000 habitants : de combien a-t-elle augmenté entre chacune de ces époques ?

275. — Quatre grandes révolutions ont eu lieu en France : la première en 1792, la deuxième en 1830, la troisième en 1848, et la quatrième en 1852 : combien d'années se sont écoulées entre ces divers mouvements politiques ?

276. — Trois héritiers se sont partagé une succession de 70.800 fr. ; le premier a eu 33.840 fr. ; le deuxième 22.750 fr. : quelle est la part du troisième ?

277. — J'ai acheté à un marchand pour 4.500 fr. de diverses marchandises ; je lui donne en paiement pour 1.630 fr. de vin, un billet de 400 fr., et 649 fr. en espèces : combien lui ai-je donné, et quelle somme lui redois-je ?

278. — Jacques me donne un billet de 375 fr., un autre de 2.700 fr., et une somme de 400 fr., sur 7.000 fr. qu'il me devait : combien redoit-il encore ?

279. — Jules a acheté une pièce de vin contenant 245 lit. ; il en a bu 36 lit., et mis en bouteille 125 lit. : combien en reste-il dans le tonneau ?

280. — Les pensions, sous Henri IV, s'élevaient à la somme de 3.130.000 fr. ; en 1867, elles se sont élevées à 83.595.000 fr. : trouver la différence entre ces deux sommes ?

281. — Nicolas me devait 9.820 fr. ; il m'a donné un billet de 170 fr., des marchandises pour 5.500 fr., une traite sur l'un de ses correspondants de 1.500 fr., et enfin un à-compte de 2.295 fr. : combien m'a-t-il donné, et quelle somme me redoit-il ?

282. — Pierre, Paul et Louis doivent se partager 12.000 fr.; la part de Pierre est de 3.800 fr.; celle de Paul 5.550 fr. : quelle part revient à Louis ?

283. — Le plus grand de deux nombres est 80.705, leur différence est 65.837 : quel est le plus petit ?

284. — Un général entre en campagne avec 108.105 hommes; 10.852 périssent dans les batailles, 2.300 meurent des suites de leurs blessures, la peste en enlève 2.127, et 624 disparaissent on ne sait comment : combien ce chef a-t-il perdu d'hommes, et combien en a-t-il encore sous les drapeaux, sachant qu'il a reçu un renfort de 6.730 hommes ?

285. — Mon père a eu 75 ans en 1869 : quelle est l'année de sa naissance ?

286. — Un homme, âgé de 127 ans, mourut en 1826 : en quelle année était-il né ?

287. — Un cultivateur a dépensé pour exploiter sa ferme 3.595 fr.; il a vendu pour 1.670 fr. de pommes de terre, pour 3.790 fr. de blé et autres graines, et pour 5.795 fr. de fourrage : quel est son bénéfice ?

288. — Octave devait une somme de 5.850 fr.; il en portait le montant à son créancier, lorsqu'il rencontra Jules, qui lui vendit comptant un cheval pour 535 fr.; son créancier ne voulut recevoir que 3.700 fr. : combien Octave apporta-t-il d'argent ?

289. — Melchior me devait une certaine somme; il me donne à compte les sommes suivantes : 336 fr., 250 fr., 625 fr., un billet de 1.000 fr. sur lequel je lui rends 248 fr., et il me redoit encore 725 fr. : quelle somme me devait-il ?

290. — Un régiment de cavalerie composé de 1.500 hommes a eu 356 tués dans une bataille, 142 blessés, et

26 hommes n'ont pas reparu : combien reste-t-il d'hommes dans ce régiment?

291. — Mathurin a eu 56 ans le 1er Janvier 1869, et son fils en a eu 12 : en quelle année ce dernier aura-t-il l'âge de son père?

292. — Le roi Charles X est né en 1757, et Louis-Philippe Ier, qui le remplaça, en 1773 : quelle était la différence des âges de ces deux souverains?

293. — Victor a trois créanciers; il doit au premier 2.156 fr., au deuxième 1.875 fr., au troisième 985 fr.; il leur donne 2.650 fr. en espèces et 825 fr. en billets : combien redoit-il encore?

294. — Si mon frère avait 13.500 fr. et 1.500 en billets, il paierait ses dettes, et il lui resterait 590 fr. : quelle somme doit-il?

295. — Dans un corps d'armée, on comptait 14.950 fantassins, 3.800 cavaliers, 850 sapeurs du génie et 1.500 artilleurs; 1.242 fantassins, 450 cavaliers et 90 artilleurs ont été tués, 1.800 hommes ont été blessés, et 35 lâches ont déserté : combien reste-t-il d'hommes sous les drapeaux, et combien doit-on envoyer de recrues pour compléter les cadres?

296. — Amélie doit à deux créanciers; à l'un, 8.742 fr., et à l'autre, 9.456 fr.; elle a en caisse 2.350 fr., deux débiteurs lui doivent, l'un 6.700 fr., l'autre 975 fr., et elle a des valeurs en billets pour 17.749 fr. : elle demande ce qui lui restera lorsque ses fonds seront tous rentrés et ses dettes payées?

297. — Quel âge aurait eu en 1869 le roi Louis XVI, mort à 39 ans en 1793?

298. — Combien s'est-il écoulé d'années depuis l'avénement au trône de Louis XVI, en 1774, jusqu'en 1867?

299. — Virginie doit à un marchand 2.824 fr.; elle prend de nouvelles marchandises pour 3.728 fr., et donne un à-compte de 6.000 fr. : combien doit-elle encore ?

300. — Rome fut fondée en l'an 754 avant J.-C., et la ville de Troie fut ruinée 1184 ans avant J.-C. : combien s'est-il écoulé d'années entre ces deux évenements ?

Soustractions des nombres décimaux.

301. — Un terrassier devait faire 267 mèt. 37 cent. de fossé, il en a déjà fait 189 mèt. 90 cent. : combien lui en reste-t-il à faire ?

302. — Un tonneau contenait 123 lit. 9 décil. ; on en a tiré 89 litres 8 décil. : combien en reste-t-il ?

303. — Un marchand de vin veut remplir un tonneau contenant 3.548 lit. de deux sortes de vin ; il en met 1.729 lit. 37 centil. de la première qualité : combien devra-t-il en mettre de la seconde ?

304. — Mon menuisier me présente un mémoire de 5.837 fr. 45 c. ; mon architecte ne lui accorde que 5.292 fr. 35 c. : quelle est la retenue faite à cet ouvrier ?

305. — Deux ouvriers travaillant ensemble ont fait 1.427 mèt. 35 cent. d'ouvrage : le premier en a fait 974 mèt. 45 cent. : combien le second en a-t-il fait ?

306. — Une pièce de mousseline avait 235 mèt. 45 cent. ; on en a vendu 107 mèt. 59 cent. : combien en reste-t-il ?

307. — Jules et Charles, travaillant le même temps, ont fait, le premier 246 mèt. 75 cent. d'ouvrage, le second 176 mèt. 30 cent. : combien Charles en a-t-il fait de moins que Jules ?

308. — Un éditeur a fait imprimer 5.345 exemplaires d'un ouvrage ; il en a déjà vendu 3.025 : combien lui en reste-t-il ?

309. — Un épicier pèse deux caisses de marchandise et trouve 575 kilog. 35 décag. pour la première, et 397 kilog. 92 décag. pour la seconde : quelle est la différence des deux poids ?

310. — Antoine avait placé 935 fr. 45 c. à la caisse d'épargne ; il en a retiré 695 fr. : combien lui revient-il encore ?

311. — J'ai reçu deux tonneaux de vin ; le premier en contient 320 lit. 45 centil., et le second, 269 lit. 60 centil. : quelle est leur différence de contenance ?

312. — Arthur a reçu 215 francs de ses parents ; il paie 112 fr. 25 c. qu'il devait : combien lui reste-t-il ?

313. — Un marchand de melons en a 288 dans sa voiture, il en vend 119 : combien lui en reste-t-il ?

314. — Un charpentier présente un mémoire montant à 7.317 fr. 45 c. ; l'architecte fait une diminution de 982 fr. 20 c. : quelle somme recevra l'ouvrier ?

315. — Michel a placé 570 fr. à la caisse d'épargne en deux versements ; le premier est de 319 fr. 35 c. : quel est le montant du second ?

316. — Un boulanger a acheté 3.715 kilog. de farine ; il en a déjà reçu 2.192 kilog. : combien doit-il encore en recevoir ?

317. — J'ai acheté deux bœufs ; l'un pèse 982 kilog. 75 décag. et l'autre 795 kilog. 39 décag. : dites-nous la différence de leurs poids ?

318. — Un marchand de drap en avait pour 16.925 fr. 45 cent; il en a vendu pour 9.785 francs : quelle est la valeur de ce qui lui reste ?

319. — Paul a mis en bouteille 145 lit. de vin ; le tonneau en contenait 240 lit. : combien en reste-t-il ?

320. — Une bonne part au marché avec 48 fr. 50 c. ; elle revient avec 17 fr. 95 c. : combien a-t-elle dépensé ?

321. — Dans un tonneau de 320 litres, un marchand

3

met 292 lit. 35 centil. de vin ; il finit de le remplir avec
de l'eau : combien en a-t-il mis ?

322. — Jules a vendu pour 1.870 fr. de sucre ; il a
gagné 395 fr. 40 c. sur son marché : combien ce sucre
lui avait-il coûté ?

323. — Un marchand de melons en avait 435 dans
sa voiture, il lui en reste 149 : combien en a-t-il vendu ?

324. — Une cuisinière va au marché avec 97 fr ; elle
achète des provisions pour 59 fr. 75 c. : quelle somme
doit-elle rendre à son maître ?

325. — Jules doit payer une dette de 857 fr. 75 c. ;
il lui manque 429 fr. 90 cent. : combien a-t-il en bourse ?

326. — On me doit 895 fr. ; on ne me donne que
449 fr. 65 c. : combien m'est-il encore dû ?

327. — Le montant des impositions de deux villages
est de 4.954 fr. ; le premier paie 2.239 fr. 95 c. : quelle
est la part du second ?

328. — Sur une pièce de ruban de 400 mèt. de longueur, une mercière vend 218 mèt. 40 cent. : combien
en reste-t-il :

329. — Octave a mis quinze jours pour faire un
voyage ; il est arrivé le 29 Janvier : à quelle date s'était-
il mis en route ?

330. — Antoine me dit : Ma fortune monte à
38.495 fr. 70 c. ; celle de mon frère Georges n'est que
de 17.735 fr. 90 c. : de combien la mienne surpasse-
t-elle la sienne :

331. — Quel nombre faut-il additionner avec 178.700
pour obtenir 295.745 ?

332. — Pour acquitter une dette de 1.195 fr. 75 c.
il me manque 985 fr. 95 c. : combien ai-je dans ma
bourse ?

333. — Je devais 7.945 fr. 30 c. ; je paie 4.390 fr. 90 c.
combien dois-je encore ?

334. — Pierre avait 395 fr. 75 c. ; il a dépensé 149 fr. : combien lui reste-t-il ?

335. — Un caissier fait sa caisse à la fin de la journée, et trouve 1.692 fr. 75 c. ; le matin il n'avait que 743 fr. : quelle a été la recette du jour ?

336. — Il fallait à un tailleur 19 mèt. de drap pour confectionner une commande ; il n'en a acheté que 15 mèt. 75 cent. : combien lui en manque-t-il ?

337. — Adolphe achète des marchandises pour 947 fr. ; il donne à compte 638 fr. 50 c. : que redoit-il sur sa facture ?

338. — Auguste achète un canif pour 0 fr. 75 c. ; il le revend 1 fr. : combien a-t-il gagné ?

339. — J'ai dans ma bourse 389 fr. 75 c. : combien faut-il y ajouter pour que j'aie 672 fr. 95 c. ?

340. — Un boulanger a fabriqué 9.735 kil. 055 gr. de pain ; il en a vendu 7.397 kil. 075 gr. : combien lui en reste-il ?

341. — J'ai vendu 48.705 fr. une maison qui me coûtait 42.095 fr. 45 c. : combien ai-je gagné ?

342. — Arthur a gagné 297 fr. 75 c. sur une marchandise qu'il a revendue 919 fr. : combien l'avait-il payée.

343. — Un tonneau de bière contient 247 lit. ; on en a mis en bouteilles 195 lit. : combien en reste-il ?

344. — Georges avait 3 fr. ; il a acheté un livre de 0 fr. 95 c. : combien lui reste-il ?

345. — Un mètre de toile coûte 4 fr. 15 c., on le revend 5 fr. : quel est le bénéfice ?

346. — Un jeune employé gagne 1.500 fr. par an ; il dépense pour sa nourriture, son logement et son habillement 1.137 fr. 50 c. : combien a-t-il de reste au bout de l'année ?

347. — Une personne est née en 1804 ; elle est morte en 1867 : quel âge avait-elle ?

348. — Je dois livrer à un hospice 24.795 hect. 45 lit. de vin); j'en ai déjà livré 17.029 hect. : combien dois-je encore en conduire?

349. — J'ai acheté une propriété 17.000 fr.; on m'en offre 24.795 fr. 40 c. : quel sera mon bénéfice ?

350. — Pour faire de l'eau-de-vie, un distillateur a employé pour 4.644 fr. 85 c. de vin ; il a usé pour 1.528 fr. 60 c. de combustible : quel est son bénéfice, sachant qu'il a vendu sa liqueur 6.847 fr. ?

351. — Un marchand de bois avait dans son chantier 3.614 st. 7 décist. de bois de hêtre, 427 st. de bois de charme, 332 st. de bois de chêne; il en a déjà vendu 1.709 st. 7 décist. : combien lui en reste-t-il ?

352. — Un ouvrier gagne 196 fr. par mois; il dépense 96 fr. 75 c. : quelle somme lui reste-t-il ?

353. — J'ai acheté une maison 6.752 fr., un jardin 2.700 fr., une vigne 2.475 fr., et un mobilier 1.310 fr. 75 c. : quelle somme ai-je dépensée, et que redois-je encore, si j'ai donné à compte 10.745 fr. ?

354. — Je me suis mis en voyage le 5 janvier, je suis arrivé à mon but le 29 du même mois : combien ai-je voyagé de jours?

355. Le 1er escadron d'un régiment compte 345 chevaux, le deuxième, 310; le troisième, 350 : combien y a-t-il de chevaux dans ce régiment?

356. — Une armée de 13.000 hommes reçoit des renforts et compte alors 25.954 hommes : combien de soldats a-t-elle reçus?

357. — Sur une pièce de drap qui contenait 134 mèt. on prend 1° 14 mèt. 50 cent. ; 2°, 16 mèt. 75 cent. ; 3°, 27 mèt. : combien reste-t-il de mètres à vendre?

358. — Sur une somme de 3.835 fr. 40 c. une première personne prend 937 fr., et une deuxième 700 fr. : que reste-t-il pour la troisième ?

359. — Pour exécuter un travail, 49.750 fr. sont indispensables; trois individus l'entreprennent : le premier met 17.935 fr. 75 c., le deuxième 23.000 fr. : quelle sera la mise du troisième ?

360. — Un écolier sait 307 pages sur 445 qu'il doit réciter : combien doit-il encore en apprendre ?

361. — Un bûcheron a coupé dans une forêt 549 chênes, 318 frênes, 422 hêtres, 118 bouleaux et 742 sapins : combien a-t-il abattu d'arbres en tout ?

362. — Trois cousins héritent d'une somme de 148.000 fr.; le premier doit recevoir 102.400 fr.; le deuxième 21.900 fr. : quelle sera la part du troisième ?

363. — Mathieu a revendu 1.908 fr. 132 mèt. de drap; il a gagné 495 fr. 70 c. sur son marché : quel était le prix d'achat ?

364. — Une personne a acheté 1.420 moutons, 248 vaches, 10 chevaux, 14 bœufs et 3 ânes : combien a-t-il acheté d'animaux ?

365. — Un régiment est composé de 4 bataillons; le premier compte 1.188 hommes; le deuxième 1.215; le troisième 995, et le quatrième 907 : combien compte-t-il d'hommes en tout ?

366. — Amédée doit réciter 1.224 vers : combien en sait-il déjà, sachant qu'il lui en reste encore 187 à étudier ?

367. — Mathieu a déjà voyagé pendant 42 jours, sa tournée doit durer 102 jours : combien de jours doit-il encore marcher ?

368. — Antonin vient d'acheter pour 8.700 fr. de marchandises; il a payé 642 fr. 75 c. de frais; il les revend 9.708 fr. : combien a-t-il gagné ?

369. — Un marchand de vin en reçoit 4 pièces; la première contient 239 lit.; la deuxième 325; la troisième 305 et la quatrième 219; il en revend 695 litres : combien lui en reste-t-il, et combien en avait-il acheté en tout ?

370. — Un fermier doit fournir 135.745 bottes de foin pour 32.927 fr.; il en a déjà livré 52.325 bottes, et a reçu 17.345 fr. 75 c.; combien doit-il encore livrer de bottes et quelle somme recevra-t-il?

371. — Charles doit voyager pendant 97 jours; il a déjà marché 52 jours : combien doit durer encore son voyage?

372. — Une caserne contenait 4.754 hommes; il en est sorti 2.395 h. : combien en reste-t-il?

373. — Un fermier a loué une pièce de terre pour 275 fr. par an; il dépense 95 fr. 40 c. pour la cultiver et 75 fr. 25 c. pour l'ensemencer; il vend sa récolte 600 fr. : quel est son bénéfice?

374. — J'ai fait 3 paiements sur une dette de 900 fr.; le premier de 210 fr. 45 c.; le deuxième de 117 fr. 75 c. et le troisième de 208 fr. : que me reste-t-il à payer?

375. — Un condamné doit faire 470 jours de prison; il est sous les verrous depuis 107 jours : combien sa peine doit-elle encore durer?

376. — La tour de la cathédrale de Strasbourg s'élève à 142 mèt., et le Panthéon de Paris à 79 mèt. : quelle est la différence de hauteur des deux monuments?

377. — Un ouvrage historique se compose de 4 volumes; le premier a 500 pages; le deuxième 492; le troisième 525; et le quatrième 412 : combien compte-t-il de pages en tout?

378. — Une personne a besoin de 9 kilog. de café; elle en a déjà 3 paquets : le premier pèse 0 kilog. 75 cent.; le deuxième 2 kil. 45 cent. et le troisième 4 kilog. : combien doit-elle encore en acheter?

379. — Antoine a fait les achats suivants : 20 fr. 45 c. de café, 17 fr. 60 c. de sucre, 7 fr. 95 c. de chocolat; il a donné à compte 30 fr. 25 c. : combien redoit-il?

380. — Un condamné devait faire 300 jours de prison, il lui en reste 112 à faire : combien en a-t-il déjà fait?

381. — Un marchand de fer reçoit 6 voitures chargées de marchandises ; la première pèse 4.513 kilog. ; la deuxième 7.900 ; la troisième 9.725 ; la quatrième 8.042 ; la cinquième 2.930, et la sixième 1.722 : quel est le poids total des marchandises ?

382. — En 1300, sous Philippe-le-Bel, la population de Paris n'était que de 125.730 hab., actuellement elle est de 2.012.704 : quel est l'accroissement de la population parisienne ?

383. — Un ouvrier, dans son mois, a gagné 150 fr.; il a reçu à compte une première fois, 24 fr. 75 c. ; une deuxième, 8 fr. 45 c., et une troisième, 19 fr. : combien a-t-il reçu à la paye ?

384. — Auguste avait 17 fr. dans sa tirelire ; il y prend une première fois 2 fr. 25 c. ; une deuxième, 1 fr. 75 c. et une troisième, 3 fr. 69 c. : quelle somme restet-il ?

385. — Une école compte 275 élèves ; il y en a 97 dans la première classe, combien y en a-t-il dans la seconde ?

386. — Un cultivateur avait 605 moutons ; il en vend 392 : combien lui en reste-t-il ?

387. — Une école est divisée en 5 classes ; la première contient 48 élèves ; la deuxième, 75 ; la troisième, 87 ; la quatrième, 98, et la cinquième, 102 : combien y a-t-il d'élèves en tout ?

388. — Un caissier a reçu les sommes suivantes : 436 fr., 518 fr. 50 c., 326 fr. 85 c. et 178 fr. 45 c. ; il a payé 409 fr., 328 fr. 75 c. et 260 fr. 15 c. : que reste-til de ses recettes ?

389. — Paul a acheté une maison 2.145 fr. ; il a payé pour les frais 207 fr. 05 c. ; il y fait des réparations pour 485 fr. 75 c., puis il la revend 3.500 fr. : quel est son bénéfice ?

390. — Une armée de 49.900 hommes demande des

renforts; les ayant reçus, son effectif s'élève à 69.895 h.: quelle était l'importance des renforts?

391. — Une personne fait 3 placements à la caisse d'épargne; le premier de 108fr., le deuxième de 190 fr., et le troisième, de 319 fr.: quel est l'importance de son placement?

392. — Jeanne a mis 68 fr. dans sa bourse; elle y prend : 1°, 7 fr. 75 c. ; 2°, 6 fr. 45 c., et 3° 37 fr. : quelle somme y reste-t-il?

393. — Un cuisinier va au marché avec 17 fr. ; il achète pour 3 fr. 25 c. de viande ; 2 fr. 75 c. de beurre, 3 fr. 25 c. de poisson, 1 fr. 50 c. d'œufs, et 0 fr. 65 c. de fruits : combien reste-t-il dans sa bourse?

394. — Avant une bataille, une armée comptait 96.732 combattants; elle n'en compte plus que 82.795 : combien a-t-elle perdu d'hommes?

395. — Un père de famille fait son testament; il lègue à son fils aîné 35.780 fr., au cadet 28.915 fr., et au plus jeune 20.029 : quelle était la fortune du testateur.

396. — Un instituteur de village reçoit un traitement de 600 fr. ; il dépense 315 fr. pour sa nourriture, 123 fr. 75 c. pour son habillement, il achète pour 35 fr. de livres : combien lui reste-t-il à la fin de l'année?

397. — Quel est le nombre qui, retranché de 17.825, donne pour reste 8.752 plus 3.745?

398. — Alger compte 112.000 hab. ; Oran 39.720, Constantine 37.400, et Bone 15.742 : quelle est la population totale de ces quatre villes?

399. — La ville de Bordeaux compte 147.000 hab. et Orléans 52.980 : quelle est la différence entre la population totale de ces deux villes?

400. — Clovis 1er est monté sur le trône de France en 481, et Charlemagne en 768; combien s'est-il écoulé d'années depuis ces deux dates à l'avénement de Louis XIV en 1643?

PROBLÈMES

sur

la Multiplication des Nombres entiers

401. — Quel est le nombre qui, divisé par 68, a donné 14 au quotient ?

402. — Combien y a-t-il de feuillets dans un dictionnaire in-4°, contenant 6 mains et 16 feuilles ? sachant que la main est de 25 feuilles.

403. — Louis a 8 ans, son frère Léon en a 10 et leur mère 30 ; en doublant la différence de l'âge des 2 enfants et l'ajoutant à celui de la mère, on a l'âge du père : quel âge a-t-il ?

404. — On achète 250 volumes à 3 fr. l'un : quelle somme doit-on payer ?

405. — Combien coûtent 15 pièces de rubans contenant chacune 15 mèt. à 2 fr. le mètre ?

406. — Un jardinier, après avoir cueilli tous les fruits d'un pommier, en met 38 de côté et partage le reste entre ses 8 enfants, qui reçoivent chacun 10 pommes : combien y avait-il de fruits sur l'arbre ?

407. — Une personne achète 32 petits fichus à 2 fr. l'un : que doit-on lui rendre sur une pièce de 100 fr. qu'elle donne en paiement ?

408. — Que dois-je à mon jardinier qui a travaillé pendant 36 jours, sachant que je le paie 3 fr. par jour, et qu'il m'a fourni des semences pour 15 fr. ?

409. — Si pour 1 fr. on a 25 crayons, combien en aura-t-on pour 35 fr. ?

410. — Quel est le prix d'une pièce de lustrine ; elle a 35 mèt. et on la paie 2 fr. le mètre ?

411. — Combien coûte un sac de café de 100 kilog. au prix de 3 fr. le kilogramme ?

412. — Combien devra-t-on payer 32 hectol. de blé, si l'hectol. coûte 25 francs ?

413. — Une petite fille de 8 ans demande l'âge de sa mère qui lui répond : Dans 3 ans, mon âge sera le triple du vôtre : quel âge a-t-elle, et quel âge aura-t-elle alors ?

414. — Le gouvernement envoie une flotte dans la Méditerranée pour surveiller les pirates ; elle se compose de 12 vaisseaux, montés chacun par 470 hommes : quel est le nombre des hommes faisant partie de l'expédition ?

415. — Un piéton va dans un village distant de sa résidence de 16.034 mèt. ; de là, il va dans une autre localité distante de 9.732 mèt. ; le surlendemain il revient chez lui : combien a-t-il fait de chemin en tout ?

416. — Jules achète au comptant 3 pièces de toile mesurant ensemble 120 mèt. à 3 fr. ; 12 pièces d'indienne mesurant 320 mèt. à 4 fr., 20 pièces de calicot mesurant 750 mèt. à 2 fr., 2 pièces de satin mesurant 130 mèt. à 6 fr., 1 pièce de satin blanc mesurant 120 mèt. à 10 fr. : quel est le montant de sa facture ?

417. — Émile a 6 sacs de chacun 315 billes : combien en a-t-il en tout ?

418. — Puisqu'un jour se compose de 24 heures : combien y en a-t-il dans 365 jours ou une année ?

419. — Une pièce de ruban coûte 13 fr. : que paiera-t-on pour 49 pièces ?

420. — Le siége d'une place forte a duré 9 jours : combien lui a-t-on lancé de bombes, si en moyenne on en envoyait 735 par jour ?

121. — Un horloger reçoit 154 montres, valant 115 fr. la pièce ; que doit-il payer ?

122. — Arthur a vendu 12 pièces d'indienne mesurant ensemble 320 mèt, à 4 fr. : quelle somme a-t-il reçue ?

123. — J'ai acheté 8 sacs de noisettes, qui en renferment chacun 540 : combien en ai-je en tout ?

124. — Un convoi de chemin de fer se compose de 30 wagons chargés en moyenne de 2.500 kilog. chacun : quel est le poids total du convoi ?

125. — Quel est le prix de 108 mèt. de toile à 6 fr. le mètre ?

126. — Un cultivateur a vendu 145 hectol. de blé à 52 fr. l'hectol. : quelle somme a-t-il reçue ?

127. — Une armée s'est battue pendant 6 heures, et elle a tiré 302 coups de canon par heure : combien a-t-elle lancé de boulets ?

128. — Un libraire a acheté 15 rames de papier cavalier à 14 fr. la rame : quelle somme doit-il ?

129. — Un fermier vend 162 ares de terrain à raison de 19 fr. l'are : quelle somme recevra-t-il ?

130. — On veut donner 12 noix à chacun des 68 élèves d'une classe : combien en faudra-t-il ?

131. — J'ai vendu à Henri 1 pièce de satin noir mesurant 125 mèt. à 9 fr. l'un : quelle somme me doit-il ?

132. — Une famille dépense 7 fr. par jour, combien dépense-t-elle en 24 semaines, la semaine ayant 7 jours ?

133. — Un ouvrage se compose de 19 volumes à 13 fr. l'un : quel est le prix de l'ouvrage ?

134. — Huit sacs sont pleins de pommes ; chacun en contient 945 : combien y en a-t-il en tout ?

135. — Dans une maison il y a 109 locataires payant en moyenne 287 fr. par an : quel est le revenu de cette maison ?

436. — Dans une fabrique on brûle 32 chandelles par jour : combien en brûle-t-on par semaine de 7 jours, et par mois de 30 jours?

437. — Un volume renferme 500 pages ayant chacune 45 lignes : combien contient-il de lignes ?

438. — Combien un volume de 450 pages contient-il de lettres, s'il y a 45 lignes à la page et 42 lettres à la ligne ?

439. — Un litre d'eau-de-vie coûte 3 fr. : combien paiera-t-on pour 175 litres?

440. — J'ai vendu à Bernard une pièce de satin blanc mesurant 20 mèt. à 18 fr. le mèt.; il me paie par un billet à mon ordre de ce jour au 30 Janvier : quelle somme dois-je porter au billet ?

441. — Combien coûteront 785 st. de bois à 17 fr. le st.?

442. — Sept paniers contiennent chacun 195 pommes : combien y en a-t-il en tout?

443. — Le kilogramme de mercure coûte 18 fr. combien paiera-t-on pour 309 kilogrammes ?

444. — Un maquignon a acheté 27 chevaux au prix moyen de 834 fr. : quelle somme a-t-il déboursée?

445. — J'ai acheté 472 ares de terre à raison d: 178 fr. l'are : quelle somme dois-je?

446. — Un négociant a vendu 784 pièces de vin 132 fr. la pièce : quel est le montant de la vente?

447. — Combien placera-t-on de personnes sur 38 banquettes, si 8 personnes peuvent prendre place sur chacune?

448. — Combien y a-t-il de jours en 18 années de 365 jours?

449. — On a vendu à Achille une pièce de toile mesurant 40 mètres à 9 fr. : quelle somme a-t-il payée?

450. — Un négociant achète pour 17.930 fr. de marchandises; il paye 4.375 fr. 75 c. de transport et 145 fr.

25 c. de droits d'entrée ; il revend le tout 31.733 fr. : quel est son bénéfice ?

451. — Un bateau à vapeur fait 16 voyages par jour avec 328 passagers : combien transporte-t-il de personnes par jour ?

452. — Un ouvrier travaille 12 heures par jour : combien fait-il d'heures en 306 jours de travail ?

453. — Combien y a-t-il de jours dans un an, sachant que Janvier a 31 jours, Février 28, Mars 31, Avril 30, Mai 31, Juin 30, Juillet 31, Août 31, Septembre 30, Octobre 31, Novembre 30, et Décembre 31 ?

454. — Quel est le prix de 17 st. de bois à 19 fr. le st. ?

455. — On a vendu 125 tableaux au prix moyen de 93 fr. : quelle somme cette vente a-t-elle produite ?

456. — Quelle sera la longueur de 425 paquets de fil de fer placés bout à bout, si la longueur de chacun est de 175 mètres ?

457. — J'achète au comptant 12 pièces de percaline mesurant ensemble 1.212 mètres à 2 fr. : quelle somme dois-je payer ?

458. — Un terrain de 35.745 mèt. carrés de surface doit être vendu en 3 lots ; le premier aura 10.928 mèt. car., le deuxième 18.382 : quelle sera l'étendue du troisième ?

459. — Pendant la semaine dernière, un brocanteur a gagné, le Lundi, 7 fr. 35 c. ; le Mardi, 9 fr. 80 c. ; le Mercredi, 8 fr. ; le Jeudi, 7 fr. 95 c. ; le Vendredi, 7 fr. 45 c., et le Samedi, 12 fr. ; sa dépense totale s'est montée à 26 fr. 95 c. : combien lui reste-t-il ?

460. — 145 matelots se partagent une prise, chacun d'eux reçoit 107 fr. : quelle est la valeur de cette prise ?

461. — Combien y a-t-il de litres dans 35 tonneaux de chacun 280 litres ?

462. — Six cordiers travaillant ensemble ont fait, le

premier, 8.745 mèt. de corde; le deuxième, 7.835 mèt.; le troisième, 4.695; le quatrième, 2.325; le cinquième, 997, et le sixième, 407 : combien de mètres ont-ils fait en tout ?

163. — Quel sera le prix de 419 moutons à 19 fr. la pièce ?

164. — Combien y a-t-il d'arbres dans une pépinière contenant : 785 pêchers, 837 abricotiers, 3.800 pommiers, 4.080 poiriers, 7.500 cerisiers, et 1.325 pruniers ?

165. — Georges vend à Henri 15 pièces de calicot mesurant chacune 30 mèt, à 2 fr. le mètre : quelle somme Henri doit-il verser ?

166. — Combien un vitrier a-t-il posé de carreaux dans une maison ayant 72 croisées de chacune 12 carreaux ?

167. — Quelle somme doit-on pour 72 douzaines de canifs à 21 fr. la douzaine ?

168. — Quelle est la population totale des 6 villes suivantes : Lille 56.937 hab., Arras 23.751, Rouen 91.739, Amiens 47.327, Reims 41.085, et Metz 40.815 hab. ?

169. — Maurice devait apprendre 457 lignes de grammaire, 930 lignes d'histoire, 175 lignes de géométrie, et 800 lignes de géographie; il n'a appris que 309 lignes de grammaire, 815 lignes d'histoire, 100 lignes de géométrie et 230 lignes de géographie : combien lui reste-t-il de lignes à étudier dans chaque partie et en tout ?

170. — La roue d'un moulin fait 25 tours par minute : combien en fait-elle par jour, le jour ayant 24 heures, et l'heure 60 minutes ?

171. — Que coûteront 16 fauteuils à 49 fr. l'un ?

172. — Que paiera-t-on pour 392 mèt. de damas à 28 fr. l'un ?

173. — Bernard achète 10 pièces de calicot, mesurant chacune 30 mèt. à 2 fr. le mèt. : quel est le montant de sa facture ?

474. — On a acheté 357 mèt. de drap pour 3,585 fr. ; on en vend 123 mèt. pour 2.019 fr. 95 c., 49 mèt. pour 784 fr. 95 c., et le reste pour 1.309 fr. 45 c. : on demande 1° combien il restait de mètres, et 2° ce qu'on a gagné sur cette affaire ?

475. — Quelle est la population totale du bassin du Rhin ; il comprend 9 départements : le Haut-Rhin, 467.875 hab. ; le Bas-Rhin, 569.005 hab. ; la Moselle 442.795 hab. ; la Meurthe, 450.027 hab. ; la Meuse, 330.732 hab. ; les Vosges, 417.912 hab. ; les Ardennes, 321.042 hab. ; le Pas-de-Calais, 690.901 hab. ; le Nord, 1.109.917 habitants ?

476. — Dans une page d'écriture il y a 25 lignes de chacune 38 lettres : combien a-t-on tracé de lettres en tout ?

477. — Un train poste parcourt 105 kil. par heure : quelle distance parcourt-il en 18 heures ?

478. — Un train de voyageurs se compose de 27 wagons ; combien peut-il recevoir de voyageurs, si chaque voiture contient 40 places ?

479. — Combien un homme respire-t-il de fois en une heure, s'il respire 19 fois en une minute ?

480. — J'achète à Auguste 3 pièces de mousseline mesurant chacune 25 mètres à 2 fr. le mètre : combien lui dois-je ?

481. — Un commis gagne 135 fr. par mois : combien gagne-t-il par an ?

482. — Un cultivateur vend 139 hect. de blé à 18 fr. l'un : quelle somme recevra-t-il ?

483. — Un cultivateur, à trois reprises différentes, a travaillé au défrichement d'un champ ; la première fois il y a employé 17 journées ; la deuxième, 28 ; la troisième, 42 : combien ce travail a-t-il exigé de jours ?

484. — Une personne achète 75 cent. de drap pour

275 fr. ; 28 mèt. de mérinos pour 138 fr., et 175 mèt. de ratine pour 1.148 fr. : on demande 1º combien elle a acheté de mètres de marchandises ; 2º pour quelle somme ; et 3º combien elle redoit, sachant qu'elle a donné à compte 1.295 fr. ?

485. — Un ouvrier gagne 4 fr. par jour ; comme il observe religieusement le dimanche, il ne travaille que 6 jours par semaine, 26 jours par mois, et 305 jours par an : combien gagne-t-il par semaine, par mois et par année ?

486. — Antoine, par son testament, laisse 3.950 fr. à chacun de ses 3 fils ; 700 fr. à chacun de ses 2 neveux ; 690 fr. à l'église, et 1.127 fr. aux pauvres : quel était le montant de sa fortune ?

487. — Mathieu est mort à 86 ans ; il était né en 1732 : quelle est l'année de sa mort ?

488. — Je vends à Bernard une pièce de satin noir mesurant 115 mèt. à 10 fr. le mèt. : quelle somme doit-il me donner ?

489. — J'avais compté 895 poires sur un arbre de notre jardin ; mon père en a cueilli 19 douzaines : combien en reste-t-il ?

490. — Mon frère a conduit au marché 7 voitures chargées de 19 sacs de blé : combien en avait-il de sacs, et combien de doubles décalitres, si chaque sac en contenait 7 ?

491. On a cueilli 435 poires sur un arbre ; il en reste encore 602 : combien y en avait-il ?

492. — En 1847, Paris renfermait 1.203.745 habitants, Lyon 183.795, Marseille 159.908, Bordeaux 107.190, Rouen 110.000 : quelle était la population totale de ces villes ?

493. — Deux voitures chargées de planches en contiennent chacune 275 : combien y en a-t-il en tout ?

494. — Si un homme respire 25 fois par minute, combien respire-t-il de fois par heure, par jour et par an?

495. — Deux caisses sont pleines d'oranges, la 1re en contient 354 et la 2e 509 : combien y en a-t-il en tout?

496. — J'achète 2 pièces de batiste mesurant chacune 36 mèt. à 12 fr. le mèt. : combien dois-je verser pour acquitter ma dette?

497. — Deux frères se partagent une bibliothèque contenant 7.428 volumes; l'aîné en prend 4.278 : quelle est la part du deuxième?

498. — La couverture d'un toit se compose de 975 rangées de chacune 307 ardoises : combien en a-t-on employé?

499. — Un meunier reçoit 5 voitures chargées de blé; la première pèse 5.754 kil.; la deuxième, 90.054 kil.; la troisième, 10.100 kil.; la quatrième, 9.807 kil., et la cinquième, 4.927 kil. : quel est le poids total de la marchandise reçue?

500. — On veut expédier deux caisses d'oranges; la première en contient 740, et la deuxième 320 ; on veut que les deux caisses en contiennent le même nombre : combien en faudra-t-il ajouter à la deuxième?

Multiplications des nombres décimaux.

501. — Que paiera-t-on pour 137 couvertures de laine à 9 fr. 65 c. la pièce?

502. — Chaque semaine un père de famille économise 18 fr. 68 c. : quelle sera son économie de l'année, cette dernière étant de 52 semaines?

503. — Combien dois-je payer pour 48 chemises à 3 fr. 75 c. l'une?

504. — Que paiera-t-on pour 178 mèt. 75 cent. d'étoffe à 6 fr. 75 c. le mètre ?

505. — Que doit-on payer à un ouvrier qui a travaillé 53 jours à 4 fr. 25 c. par jour ?

506. — Quelle sera la part d'un matelot sur une prise de 972 fr., s'il lui en revient le 0,5 ?

507. — Un ouvrier fait 2 mèt. 75 cent. d'ouvrage en 1 heure : combien en fera-t-il dans une journée de 10 heures ?

508. Combien y a-t-il de mètres de drap dans 16 pièces mesurant chacune 35 mèt. 95 c. ?

509. — Quelle somme recevra un ouvrier tisseur pour fabriquer une pièce de velours de 36 mèt. 25 c. à 3 fr. 95 c. l'un ?

510. — Quelle somme dois-je payer pour 14 mèt. 35 cent. de ruban à 6 fr. 85 c. le mètre ?

511. — Une ligne télégraphique a été construite avec 1,695 paquets de fil de fer mesurant chacun 150 mèt. 35 cent. : quelle est sa longueur ?

512. — Une couturière a fourni 4 mèt. 25 c. de doublure à raison de 0 fr. 45 c. le mèt. : quelle somme doit-elle réclamer ?

513. — Quel est le prix de 136 mèt. de drap à 18 fr. 95 c. le mètre ?

514. — Une pièce de calicot coûte 39 fr. 85 c. : combien paiera-t-on 762 pièces ?

515. — Un commis reçoit 150 fr. 50 c. tous les mois : combien reçoit-il par an ?

516. — Combien coûtera la façon de 38 chemises à raison de 3 fr. 25 c. l'une ?

517. — Quelle somme recevra un ouvrier typographe qui, dans un mois, a composé 184 pages à 1 fr. 95 la page ?

518. — Une famille dépense 3 fr. 65 c. par jour : combien dépense-t-elle par an ?

519. — Quel est le prix de 29 douzaines de mouchoirs, à 14 fr. 35 c. la douzaine ?

520. — Chaque jour de travail, un ouvrier économise 2 fr. 25 c. : quelle somme possédera-t-il au bout de 5 années de travail de chacune 305 jours de travail ?

521. — Que paiera-t-on pour 625 st. 5 décist. de bois à 9 fr. 65 c. le stère ?

522. — Un épicier a reçu 175 kil. de chocolat à 3 fr. 75 c. le kil. : quel est le montant de la facture ?

523. — Un bureau de bienfaisance a donné 6 fr. 95 c. à chacune des 128 familles pauvres de sa circonscription : quelle somme a-t-il déboursée ?

524. — Un marchand d'étoffes a vendu 325 mèt. 35 c. de velours à 29 fr. 80 c. l'un : quelle somme a-t-il reçu ?

525. — On a récolté 375 hectol. 75 litres de pommes de terre dans 1 hectare de terrain : combien en récoltera-t-on dans 18 hectares 30 ares ?

526. — Dites-nous le poids total de 8 caisses de savon, pesant chacune 95 kilog. 170 gr. ?

527. — Quelle somme a dû verser un négociant pour 365 mèt. 35 cent. de drap à 24 fr. le mètre ?

528. — Combien une famille a-t-elle dépensé en 176 jours à raison de 6 fr. 05 c. par jour ?

529. — Un charbonnier achète 1.475 stères de bois à 16 fr. 75 c. l'un : quelle somme a-t-il payée ?

530. — Une diligence partant de Lyon doit parcourir 15 kilom. 6 hect. par heure : à quelle distance sera-t-elle de cette ville après 36 heures de marche ?

531. — Les droits d'entrée pour l'hectol. de vin sont, à Paris, de 20 fr. 35 c. : quelle somme paiera un négociant pour 107 hectol. 75 litres ?

532. — Lorsque le kilog. de café coûte 2 fr. 75 c. : combien doit-on payer pour 108 kilogrammes ?

533. — Quelle somme a reçue un cultivateur pour la vente de 187 moutons à 19 fr. 50 c. l'un?

534. — Un cultivateur peut labourer 46 ares 45 cent. de terrain en un jour : combien en labourera-t-il en 48 jours?

535. — Un fermier emploie 14 hectol. 50 litres de blé pour ensemencer un hectare de terrain : combien lui en faudra-t-il pour la culture de 315 hectares?

536. — Lorsque le mètre carré de terrain vaut 9 fr. 60 c., quel sera le prix de 1.435 mèt. carrés?

537. — Henri a acheté 472 hectol. 92 litres de vin à 38 fr. 75 c. l'hectol. : quelle somme a-t-il payée?

538. — Une ferme de 18.600 ares est en vente à raison de 19 fr. 87 c. l'are : quelle est sa valeur?

539. — Un marchand reçoit 724 tonneaux de morue à 182 fr. 40 c. l'un : quel est le montant de sa facture?

540. — A combien reviennent 150 mèt. de drap à 8 fr. 95 c. l'un?

541. — Combien doit payer un libraire pour une facture de 1.407 petits catéchismes 0 fr. 09 c. l'un?

542. — Quelle somme recevra un cultivateur pour la vente de 1.325 doubles décalitres de blé à 3 fr. 25 c. le double décalitre?

543. — Un pain de sucre pèse 5 kil. 675 gr. : quel est son prix à raison de 1 fr. 15 c. le kil.

544. — Une propriété mesure 745 ares 75 cent. ; on veut la vendre 25 fr. l'are : quel est son prix?

545. Une pièce de calicot a 184 mèt. 25 cent. ; je l'achète à raison de 0 fr. 75 c. le mètre ; quelle somme dois-je payer?

546. — Quel est le prix de 104 st. 5 décist. de bois à raison de 17 fr. 65 c. le stère?

547. — On paie 148 fr. de façon pour un mètre cube

de charpente : que recevra l'ouvrier pour 16 mèt. cubes 075 décimètres ?

548. — Quel est le poids d'un bateau chargé de 3.509 hectol. de charbon de terre, si cette substance pèse en moyenne 142 kilogr. 7 hectogr. l'hectolitre ?

549. — Quels sont les 0,85 cent. de 1.865 fr. ?

550. — Trois personnes se sont associées pour le commerce des blés ; la première a mis 45.075 fr. ; la deuxième, 30.107 fr. ; la troisième, 95.810 fr. : quel est leur capital social ?

551. — Un négociant doit fournir à un hôpital 31.745 lit. de vin pour 15.765 fr. ; il livre d'abord 1.342 lit. et reçoit 500 fr. ; puis 3.740 lit. et reçoit 1.325 fr. ; enfin, il livre le reste de sa fourniture, et on le solde complètement : combien a-t-il livré de litres, et quelle somme a-t-il reçue pour cette dernière livraison ?

552. — Un épicier veut expédier deux caisses d'oranges, il y en a 675 dans la première, 930 dans la deuxième, il veut en mettre autant dans l'une que dans l'autre : combien doit-il en ajouter à la première pour atteindre ce résultat ?

553. — En entrant en campagne, une armée comptait 215.000 hom. ; 2.900 hom. furent tués dans un premier combat ; alors elle reçut un renfort de 19.500 hom. puis eut lieu une nouvelle bataille où périrent 10.700 hom., une maladie contagieuse emporta 25.000 hom., et en battant en retraite 4.500 h. furent faits prisonniers : quel était l'effectif de cette armée en rentrant dans ses quartiers ?

554. — Arthur a acheté pour 1.905 fr. 35 c. de toile ; il la revend 1802 fr. combien a-t-il perdu sur son marché ?

555. — A 25 fr. le mètre de drap, combien coûteront 10 mèt., 100 mèt., 1.000 mèt., 10.000 mèt., 100.000 mètres ?

556. — Une servante allant au marché achète pour 3 fr. 75 c. de fruits, pour 4 fr. de beurre, 2 fr. 20 c. de légumes, 3 fr. d'œufs, 7 fr. 45 c. de viande, et 0 fr. 35 c. de sel : quelle somme a-t-elle déboursée ?

557. — Dans une école il y a 76 places ; les élèves présents sont placés à huit tables au nombre de 9 par table : quel est le nombre des élèves absents ?

558. — A combien se montent les 0,7 de 495 fr. ?

559. — Deux ouvriers font ensemble, le 1er, 1.475 mèt. 35 cent. de fossé ; le 2e, 1.258 mèt. 58 cent. ; le prix convenu est de 2.954 fr. 65 c. ; le 1er reçoit pour sa part 1.709 fr. : combien ont-ils fait de mètres d'ouvrage en tout, et quelle somme revient au 2e ?

560. — Si l'effectif d'un régiment est de 3.434 hommes, combien compteront d'individus des armées composées de 10, de 100 et de 1.000 régiments ?

561. — Ma sœur a fait les emplettes suivantes : 1 robe 45 fr. 95 c. ; 1 châle, 110 fr. ; un mantelet, 35 fr. 60 c. ; 1 fichu, 15 fr. ; 1 paire de gants, 3 fr. 25 c. ; 1 paire de bas, 2 fr., et des bottines, 11 fr. 95 c. ; combien a-t-elle dépensé ?

562. — Le réseau des chemins de fer de l'Est est de 1.228 kilomètres ; le réseau du Nord, de 458 kilom. ; le réseau de l'Ouest, de 898 kilom. ; la ligne de Paris à Bordeaux et ses annexes, de 1.408 kilom. : quelle est la longueur totale de ces différents réseaux ?

563. — Dans une diligence, il y a 3 places de coupé, 6 d'intérieur, 10 de rotonde, et 3 à l'impériale : combien peut-elle transporter de voyageurs ?

564. — Quel est le prix de 6 mèt. 75 cent. de calicot, à 0 fr. 65 cent. le mètre ?

565. — Un orfèvre jette dans un creuset 1.756 gram. 37 cent. de vieux galons d'argent, qu'il fond avec 2.007 gr. de vieille argenterie ; si le déchet est de 434 gr., quel sera le poids du métal retiré du creuset ?

566. — Quelle somme ferait 34.027 fr. répétés 1.000.000 de fois ?

567. — Un marchand a vendu pour 1.270 fr. 35 c. de drap, 246 fr. 75 cent. de toile, 126 fr. d'indienne, 96 fr. 40 c. de madapolam : quelle a été sa recette ?

568. — Un voiturier transportait 1.375 planches de sapin ; il en laisse en chemin 495 : combien en reste-t-il sur sa voiture ?

569. — Combien dois-je payer pour 0 mèt. 75 cent. de ruban à 0 fr. 75 cent. le mètre ?

570. — Antoinette a 127 fr. 35 c. dans sa bourse, Julie 68 fr. : combien la 1re possède-t-elle de plus que la 2e ?

571. — Quel sera le produit de 4.725 multiplié par 10, par 100, par 1.000 ?

572. — Un négociant, en faisant sa caisse, trouve 1.840 fr. en or, 3.795 fr. 50 cent. en argent, 10 fr. 05 c. en cuivre, et 10.500 fr. en billets de banque : quelle somme possède-t-il ?

573. — Un marchand a vendu 28 boîtes de chacune 12 couteaux : combien a-t-il vendu de couteaux en tout ?

574. — Que dois-je payer 0 lit. 75 centil. de vin à 3 fr. le litre ?

575. — Louis devait 14.600 fr. ; il a fait un 1er paiement de 4.575 fr. ; un 2e plus petit que le 1er de 119 fr. : combien redoit-il encore ?

576. — A 64 fr. l'are de terrain, que coûteront 10 ares, 100 ares, 1.000 ares, 10.000 ares ?

577. — Une propriété est entourée de murs : celui du Nord à 245 mèt. 75 cent. ; celui de l'Est, 995 mèt. 35 cent. ; celui du Sud 307 mèt., et celui de l'Ouest, 227 mèt. 75 cent. ; quelle est la longueur totale du mur d'enceinte ?

578. — Combien distribue-t-on de chemises par an à 195 pauvres entretenus dans un hospice, à raison de 6 pour chacun d'eux ?

579. — Un ouvrier a fait 136 journées : quelle somme recevra-t-il à raison de 4 fr. 75 cent. par jour ?

580. — Clovis fut baptisé en 493, et Charlemagne fut couronné en l'an 800 ; combien s'est-il écoulé d'années entre ces deux faits mémorables ?

581. — A 28 fr. le mètre de drap, combien coûteront 100 mètres ?

582. — Un voiturier transporte une caisse pesant 185 kilog. 0,35 gr. ; un ballot de 153 kilog. 0,50 gr. et une malle de 74 kilog. : quel est le poids total de ces objets ?

583. — Une caisse renferme 124 paquets de chacune 6 chandelles : combien y a-t-il de chandelles en tout ?

584. — A combien reviennent 972 litres de vin à 0 fr. 45 c. le litre ?

585. — Un marchand de vin vend 284 fr. une pièce de vin qui ne lui coûte que 192 fr. 65 c. : quel est son bénéfice ?

586. — Que coûteraient 5.648 mèt. carrés de terrain, selon qu'n le paierait 10 fr., 100 fr., et 1.000 fr. le mètre carré ?

587. — Gustave est né en 1845 : en quelle année aura-t-il 95 ans ?

588. — On place sur une voiture 23 sacs de blé pesant chacun 190 kilogr. : quel est le poids du chargement?

589. — Un épicier a reçu une motte de beurre pesant 578 kilogr. ; il le paie 1 fr. 15 le kilogr. : quel est le prix de l'envoi ?

590. — Un boulanger a acheté 800 sacs de blé; on lui en livre 505 : combien doit-il encore en recevoir?

591. — J'ai acheté 5.075 mèt. carrés de terrain à 1.000 fr. le mètre : combien dois-je?

592. — Un homme s'est marié à 21 ans; il a perdu sa femme deux ans après, il est demeuré veuf 3 ans, puis s'est remarié et a vécu 60 ans avec sa seconde femme ; il a vécu 17 ans après cette dernière : à quel âge est-il mort?

593. — Un jardinier conduit au marché 28 paniers contenant chacun 95 douzaines de figues : quel est le nombre total des figues?

594. — Antoine a reçu 1.385 kilog. de sucre à 1 fr. 45 c. le kilog. : quelle somme doit-il payer?

595. — Quel est le prix de 48 hect. 75 ares de terrain à 10.000 fr. l'hectare?

596. — Un ouvrier a reçu 35 fr. de gratification; un 2e 18 fr. de plus que le 1er; un 3e autant que les deux autres : combien chaque ouvrier a-t-il reçu, et quel est le montant des trois gratifications?

597. — Un vitrier a fourni le verre de 28 croisées ayant chacune 12 carreaux, à raison de 0 fr. 95 c. le carreau : quelle somme doit-il recevoir ?

598. — Un cabaretier a rempli de vin 1.358 bouteilles, contenant chacune 0 lit. 78 centil. : combien a-t-il fallu de litres de liquide ?

599. — La ville de Paris a vendu 700.345 mèt. carrés de terrain à raison de 1.000 fr. le mètre : combien a-t-elle reçu ?

600. — Je dois avoir le 0,9 de 125 fr. : quelle somme aurai-je ?

PROBLÈMES

sur

la Division des Nombres entiers

---

601. — Combien coûtera une main de papier, si la rame est de 20 mains et vaut 15 fr. ?

602 — Pour 169 fr., combien aura-t-on de volumes à 3 fr. l'un ?

603. — Six enfants doivent se partager 972 billes: combien chacun en aura-t-il ?

604. — Combien pourra-t-on secourir de pauvres avec 345 fr., si l'on donne 3 fr., à chacun d'eux ?

605. — On veut partager 1.525 fr. entre 3 personnes: combien chacune aura-t-elle ?

606. — Deux personnes doivent se partager 4.316 fr.: combien chacune en aura-t-elle ?

607. — Partagez 18.924 pommes en 6 tas égaux: combien y en aura-t-il dans chaque tas ?

608. — Trente-six personnes doivent se partager 24.696 fr.: quelle sera la part de chacune ?

609. — Combien y a-t-il d'années en 660 mois ?

610. — Combien y a-t-il de pièces de 20 fr. dans 48.460 fr. ?

611. — Trois enfants héritent de 973.500 fr.: quelle part revient à chacun d'eux ?

612. — Pour 175 fr. on a 5 mèt. de drap: à combien revient le mètre ?

613. — Combien un train de chemin de fer mettra-t-il de temps pour parcourir 4.815 kilomèt., s'il en parcourt 45 à l'heure ?

614. — Quatre enfants doivent se partager 36 pommes: combien chacun en aura-t-il ?

615. — Un chapeau coûte 8 fr.: combien en aura-t-on pour 640 fr. ?

616 — On veut acquitter en 14 semaines une dette de

1.512 fr. : quelle somme versera-t-on chaque semaine ?

617. — Quatre-vingts hectolitres de blé ont coûté 2.048 fr. : quel est le prix d'un hectolitre ?

618. — Lorsque 15 mètres de drap coûtent 259 fr. : quel est le prix d'un mètre ?

619. — Pour 16 journées de travail, un ouvrier a reçu 1.728 fr. : combien a-t-il gagné par jour ?

620. — Pour 48 mètres d'étoffe on a payé 768 fr. : quel est le prix du mètre ?

621. — Douze écoliers ont gagné 2.616 billes ; ils veulent les partager : combien chacun en aura-t-il ?

622. — Dites-nous le prix d'un kilog. de marchandise, lorsque 72 kilog. coûtent 888 fr. ?

623. — Une personne parcourt 36 kilomèt. par jour : en combien de temps parcourra-t-elle 13.176 kilomèt. ?

624. — Paul a acheté des chevaux pour une somme de 18.625 fr. ; terme moyen il les a payés 745 fr. : combien en a-t-il acheté ?

625. — Par quel nombre faut-il multiplier 8 pour obtenir 7.200 au produit ?

626. — Quel est le prix d'une bouteille de vin, lorsqu'on a payé 1.380 fr., pour 345 bouteilles ?

627. — Par quel nombre faut-il diviser 8.190 pour avoir 84 au produit ?

628. — Quel est le nombre qui, étant multiplié par 216, donne pour produit 211.032 ?

629. — Une casquette se vend 2 fr. : combien en aura-t-on pour 1.704 fr. ?

630. — Je vous prie de partager 5.880 fr. entre 35 personnes ?

631. — Dans un mois de travail, c'est-à-dire 26 jours, un ouvrier a gagné 130 fr. : quel est son gain par jour ?

632. — Deux enfants jouant de moitié dans une partie de billes, en ont perdu 1.968 : combien chacun en a-t-il perdu ?

633. — En 35 jours, un écolier a gagné 2.625 bons points : combien en a-t-il gagné par jour ?

634. — Antoine est chargé de partager une succession de 121.632 fr. entre 12 cohéritiers : combien chacun aura-t-il ?

635. — Un sac contient 25.272 noix, on veut le partager entre 12 bons écoliers : combien chacun en aura-t-il ?

636. — Combien y a-t-il de jours dans 5.280 heures?

637. — Jules a appris 844 lignes en 24 jours : combien en a-t-il étudié chaque jour?

638. — On a payé 216 fr. pour l'achat de 12 chapeaux : quel est le prix d'un seul?

639. — Le produit de deux nombres est 1.983.135 ; l'un de ces nombre est 85 : quel est l'autre?

640. — On a payé 990 fr. à une troupe d'ouvriers, que l'on paie chacun 5 fr. par jour : quel est le nombre de ces ouvriers?

641. — J'ai payé 360 fr. pour l'achat de 90 chaises : quel est le prix de la chaise?

642. — Pour leur travail d'un mois 18 ouvriers ont reçu 2.160 fr. : combien chacun a-t-il reçu?

643. — Un écolier a gagné 13.920 bons points en 8 mois : combien en a-t-il gagné par mois?

644. — La lumière du soleil nous parvient en 8 minutes : combien parcourt-elle de kilom. par minute, sachant qu'il est éloigné de la terre de 153.624.000 kilomètres?

645. — Dans un foudre, il y a 3.410 litres de vin, que l'on a transvasés dans 15 tonneaux : combien chacun contient-il de litres?

646. — Quatorze pièces contiennent ensemble 192.710 litres d'eau-de-vie ; combien chacune en contient-elle?

647. — Combien y a-t-il de siècles depuis la naissance de J.-C. jusqu'à la fin de 1869?

648. — Le poids de 12 caisses est de 864 kil. : quel est le poids d'une caisse?

649. — Dans un repas, 9 personnes dépensent 54 fr. : combien chacune a-t-elle dépensé?

650. — Combien aura-t-on de chaises à 3 fr. la pièce pour 693?

651. — Un terrassier a 6.420 mètres de terrassement à faire s'il en fait 3 par jour, combien lui faudra-t-il de temps pour terminer cet ouvrage?

652. — Une personne a 17 fr. dans sa bourse lorsqu'elle commence à jouer ; elle quitte la partie avec 38 fr. : combien a-t-elle gagné?

653. — Avec 182 fr. combien une famille vivra-t-elle de jours, en dépensant 7 fr. par jour?

654. — Quel est le nombre 7 fois plus petit que 2.415?

655. — Une personne doit avoir les 0,9 de 125 fr.
quelle somme aura-t elle ?

656. — Un ouvrier en 64 jours, a fait 116 mètres
d'ouvrage pour la somme de 280 fr ; en 28 jours, il en a
fait 92 m. pour 514 fr. ; et en 32 jours il a fait
74 m. pour 296 fr, combien a-t-il travaillé de jours,
combien a-t-il fait de mètres d'ouvrage, et combien
a-t-il gagné ?

657. — Combien coûtent 75 chapeaux à 10 fr. la
pièce ?

658. — Que coûteront 892 hect. de vin à 72 fr.
l'hect. ?

659. — Louis XIV est monté sur le trône en 1643,
il est mort en 1715 : quelle a été la durée de son
règne ?

660. — Rome a été fondée l'an 754 avant J.-C. et
la ville de Troie en Asie Mineure fut ruinée 1184 ans
avant J.-C. : combien s'est-il écoulé de temps entre
ces deux événements ?

661. — La ville de Lyon compte 301.729 hab. et
Marseille 243.907 : dites-nous la différence de population entre ces deux villes ?

662. — On a 3 m. 35 cent. de cordonnet pour 1 fr.
combien en aura-t-on pour 19 fr. 55 ?

663. — Combien y a-t-il de pièces de 10 fr. dans
625.000 fr ?

664. — Un marchand a reçu 130 st. de bois pour
1.300 fr. ; 1.550 stères pour 13.040 fr. ; 35 st. pour
695 fr. : combien a-t-il reçu de stères, et quelle
somme doit-il ?

665. — On a vendu 2.784 poires, 0.075 mil. la pièce :
quelle somme a-t-on reçue ?

666. — Des couvreurs ont déjà placé 17.875 tuiles sur
un bâtiment, ils assurent qu'ils en poseront 37 fois plus
pour le couvrir entièrement : combien faudra-t-il de
tuiles ?

667. — Une famille a dépensé 1.404 fr. en 156 jours :
combien a-t-elle dépensé par jour ?

668. — En entrant dans une boutique, Pauline avait
152 fr. ; elle sort avec ses emplettes et ne trouve plus
que 75 fr. dans sa bourse : combien a-t-elle dépensé ?

669. — Un ouvrier reçoit le prix de 1.620 heures de
travail : combien a-t-il fait de journées de 12 heures
chacune ?

670. — Combien coûteront 0 lit. 75 centil. d'eau-de-vie à 4 fr. le litre ?

671. — Un marchand achète 76 mèt. 35 cent. de toile pour 150 fr. 50 c. ; 90 mèt. 25 cent. pour 175 fr. ; 108 mèt. pour 170 fr. 45 c. ; 60 mèt. 30 cent. pour 141 fr. 50 c. : combien a-t-il acheté de mètres et pour quelle somme ?

672. — Combien y a-t-il de billets de 1.000 fr. dans 735.000.000 de francs ?

673. — Un maître de poste a acheté 35 chevaux à raison de 840 fr. l'un : quelle somme a-t-il déboursée ?

674. — Quel nombre faut-il ajouter à 0,004 millièmes pour faire 0,25 centièmes ?

675. — Arthur a 35 ans ; sa mère a 21 ans de plus que lui, et son père 32 : quel est l'âge de ces deux derniers ?

676. — Pharamond fonda la monarchie française en 420 : combien s'est-il écoulé de temps depuis cet événement à 1869 ?

677. — Une famille mange 3 kilog. 675 gr. de pain par jour : combien en mange-t-elle dans un an ?

678. — Combien faut-il de billets de 100 fr. pour faire 753.000 fr. ?

679. — Maurice a reçu 131 mèt. 50 cent. de drap bleu pour 1.267 fr. 50 c., 280 mèt. de drap marron pour 7.000 fr., 52 mèt. de drap noir pour 1.624 fr. 75 c. 230 mèt. 75 c. de drap vert pour 2.860 fr. 45 c. : combien a-t-il reçu de mètres et pour quelle somme ?

680. — Georges vient d'acheter 48 hectol. 25 lit. de vin à 65 fr. 75 c. l'hectolitre : combien a-t-il dépensé ?

681. — Un ouvrier a fait en 50 jours 550 heures de travail : combien a-t-il fait d'heures chaque jour ?

682. — J'ai déjà 5.462 fr. ; il me faut 8.000 fr. pour payer une dette : combien dois-je emprunter ?

683. — Combien aura-t-on de stères de bois pour 2.268 fr., à raison de 18 fr. le stère ?

684 — Victor vient d'acheter 34 pièces de toile de chacune 48 mèt. 75 cent. à raison de 0 fr. 85 c. le mètre : quelle somme doit-il payer ?

685. — En 1868, il s'est consommé à Paris 2.021.747 hectol. de vin, 140.890 hectol. d'eau-de-vie, 125.608 hectol. de cidre, 21.040 hectol. de poiré, 328.000 hectol. de bière : combien a-t-on bu d'hectolitres en tout ?

686. — Combien y a-t-il de francs dans 487.500 centimes ?

687. — Combien y a-t-il de feuilles de papier dans cinq rames, sachant qu'il y a 20 mains à la rame, et 25 feuilles à la main ?

688. — En 1832, il mourut à Paris 45.072 personnes ; 19.104 périrent du choléra : combien moururent d'autres maladies ?

689. — Si je gagnais 3.500 fr. de plus, je pourrais dépenser 15.200 fr. : quel est mon revenu annuel ?

690. — La 1re croisade commença en 1.096, et la 7e et dernière se termina en 1.275 ; combien ont duré ces expéditions religieuses ?

691. — Combien faudra-t-il de ceps pour planter une vigne de 18 ares 60 cent. ; s'il en faut 350 pour un are ?

692. — Combien 10 personnes auront-elles chacune si elles se partagent 1.428 fr. ?

693. — Que coûteront 1.000 mètres de drap à 12 fr. 75 c. le mètre ?

694. — On a tué dans les abattoirs de Paris, en 1847 : 102.792 bœufs, 27.907 vaches, 172.307 veaux, 139.918 moutons, et 183.107 porcs : combien a-t-on consommé d'animaux ?

695. — Un boulanger vient d'acheter 132 sacs de farine, pesant chacun 159 kilog., à raison de 0 fr. 28 c. le kilogr. : quelle somme doit-il payer ?

696. — On a payé 1.944 fr. pour 108 stères de bois : à combien revient le stère ?

697. — Un invalide, né en 1774, mourut en 1868 : quel âge avait-il ?

698. — Un employé gagne 1.800 fr. par an : combien peut-il dépenser par mois, et par jour ?

699. — Un priseur a dépensé pour 810 fr. de tabac : combien a-t-il acheté de kilogr. de tabac à 8 fr. l'un ?

700. — On m'a payé 6.925 fr. en pièces de cinq fr. en or : combien m'a-t-on donné de pièces ?

Division des nombres décimaux

701. — Un courrier a parcouru 495 kilomèt. 35 décamèt. en 22 heures : quel chemin a-t-il fait en 1 heure ?

702 — Une malle-poste parcourt 14 kilomèt. 5 hectomèt. en 1 heure : quel temps mettra-t-elle pour parcourir 492 kilomètres ?

703. — Une voiture chargée de 14 caisses pèse 3.815 k. 7 hectogr. : combien chaque caisse pèse-t-elle ?

704. — Une pièce de drap mesurant 48 met. 25 cent. coûte 762 fr. 75 c. : quel est le prix du mètre ?

705. — En 46 jours de travail un ouvrier a gagné 284 fr. : combien a-t-il gagné par jour ?

706. — Combien faudra-t-il de jours à un ouvrier pour gagner 795 fr., si sa journée est de 6 fr. 75 c. ?

707. — Un ouvrier a gagné 324 fr. ; on le paie à raison de 4 fr. 25 c. par jour : combien a-t-il travaillé de jours ?

708. — Combien faut-il de semaines pour payer 825 fr., 75 c. si l'on paie 12 fr. 65 c. par semaine ?

709. — Cinq associés ont fait un gain de 4.365 fr. 75 c. : que revient-il à chacun ?

710. — Pour ensemencer 3 ares de terrain, il faut 1 décalitre de blé : combien en faudra-t-il pour la culture de 14 ares 25 cent. ?

711. — Le revenu d'une personne est de 7.235 fr. 75 c. par an ; elle veut mettre de côté 2 fr. par jour : quelle sera sa dépense journalière ?

712. — Pour 24 kilogr. de marchandises on a payé 92 fr. 40 c. : à combien revient le kilogramme ?

713. — Quelle sera la part de 2 personnes qui doivent se partager 846 fr. 70 c. ?

714. — Combien aura-t-on de mètres de casimir à 15 fr. 25 c. le mètre, pour 750 fr. 75 c. ?

715. — On veut remplir 3 caisses avec 3.759 kilogr. 428 gr. de marchandises : quel sera le poids de chaque caisse ?

716. — On veut faire 8 lots sur un terrain en façade long de 345 met. 75 cent. : quelle sera la façade de chaque lot ?

717. — On veut partager 6.345 ares 75 cent. de terrain entre 7 personnes : quelle sera la part de chacune ?

718. — Un cultivateur veut planter en vigne la 10ᵉ partie de 455 hectares 75 ares : quelle étendue aura sa vigne ?

719. — Combien aura-t-on de mètres d'étoffe pour 600 fr., à raison de 3 fr. 75 c. le mètre ?

720. — Pour 50 fr. 09 cent. on a eu 36 kilogr. 375 gr. de sucre : à combien revient le kilogramme ?

721. — Une fleur a grandi de 0 m. 349 mill. en 15 jours : de combien a-t-elle grandi par jour ?

722. — Pendant combien de jours vivra une famille avec 712 fr., si elle dépense 3 fr. 65 c. par jour ?

723. — Combien aura-t-on de mètres de soie à 4 fr. 35 c. le mètre pour 1.200 fr. ?

724. — Un litre d'eau-de-vie coûte 4 fr. 75 c. : combien en aura-t-on pour 359 fr.

725. — Pour 85 hectol. 32 litres de vin, on a payé 9.547 fr. : quel est le prix de l'hectolitre ?

726. — On peut mettre 189 kilogr. de farine dans un sac : combien faudra-t-il de sacs pour contenir 18.475 kil.

727. — Un are de terrain vaut 95 fr. 65 cent. : combien en aura-t-on pour 28.887 fr. ?

728. — Pour 704 fr. on a 57 kilog. de café : quel est le prix du kilogramme ?

729. — On a payé 719 fr. pour 29 hectol. 30 litres de bière : combien a-t-on payé l'hectolitre ?

730. — Le mètre de drap coûte 28 fr. 25 cent. : combien aura-t-on de mètres pour 27.815 fr. ?

731. — On a payé 15.930 fr. pour 75 hect. 25 ares de vigne : quel est le prix de l'hectare ?

732. — Un cordier a fait 17.642 mèt. 45 cent. de cordeau en 69 jours : combien en a-t-il fait par jour ?

733. — On a distribué 148 fr. à un certain nombre de pauvres; chacun d'eux a reçu 0 fr. 75 cent. : combien étaient-ils ?

734. — Combien aura-t-on de kilogrammes de pain à 0 fr. 45 cent. avec 7.428 fr. 75 cent. ?

735. — On veut partager 96 fr. 75 cent. entre 164 pauvres, combien auront-ils chacun ?

736. — Un négociant paie le calicot 0 fr. 875 mill. : combien a-t-il eu de mètres pour 1.974 fr. ?

737. — Un négociant achète 4.958 hectol. 75 litres de vin pour 106.272 fr. 75 cent. : quel est le prix de l'hectolitre ?

738. — Auguste gagne 1.500 fr. par an : quel est son gain de chaque jour ?

739. — A combien revient l'hectolitre de vin lorsque 148 hectol. ont été payés 10.934 fr. 85 cent. ?

740. — Neuf chevaux ont été payés 3.205 fr. 75 cent. : à combien revient le cheval ?

741. — On a payé 1.350 fr. 75 cent. 134 mèt. 45 cent. d'étoffe : à combien revient le mètre ?

742. — On a payé 349 fr. 35 cent. pour 24 mèt. 25 cent. de drap : a combien revient le mètre ?

743. — Pour 1.455 fr. 25 cent. on a acheté 114 mèt. 75 cent. de drap : quel est le prix du mètre ?

744. — Un ouvrier a gagné 912 fr. 75 cent. en 109 jours de travail : combien a-t-il gagné par jour ?

745. — Pour 3.240 fr. 25 cent. on a fait faire 625 mèt. 35 cent. de terrassement : à combien revient le mètre ?

746. — Le poids de 436 caisses de savon est de 75.450 kilog. 725 gr. : quel est le poids d'une caisse ?

747. — Un cultivateur a reçu 7.074 fr. 35 c. pour 334 hectolitres de froment : combien l'a-t-il vendu l'hectolitre ?

748. — Un charbonnier paie 9.047 fr. 25 cent. pour 564 stères de bois : à combien lui revient le stère ?

749. — Une propriété mesurant 647 hectares 70 ares a été vendue 950.000 fr. : quel est le prix de l'hectare ?

750. — Pour 285 mèt. 75 cent. de soie on a payé 1.548 fr. 60 cent. : à combien revient le mètre ?

751. — La terre parcourt annuellement environ 800.000.000 de kilomèt. autour du soleil : combien en fait-elle par jour ?

752. — Un nombre multiplié par 78 donne 575.194 pour produit : quel est ce nombre ?

753. — Un facteur est 14, 25 cent. ; son produit par un facteur inconnu est 12.666, 54 cent. : trouvez le facteur inconnu ?

754. — On a cent volumes pour 360 fr. : quel est le prix du volume ?

755. — Pour 542 fr. on a acheté 100 kilogr. de dragées : quel est le prix du kilogramme ?

756. — Une caisse de marchandises coûte 732 fr. ; elle pèse 152 kilog. ; la caisse vide pèse 32 kilog. : quel est le prix du kilogr. de marchandise ?

757. — En 1868, il s'est vendu à Paris pour 8.500.766 fr. de marée ou poisson de mer, pour 2.352.406 fr. d'huîtres, pour 956.624 fr. de poisson de rivière, pour 10.008.019 fr. de volaille, pour 5.700.304 fr. de gibier, pour 15.107.102 fr. de beurre, et pour 8.920.100 fr. d'œufs : quelle est la somme de ces divers articles ?

758. — Amélie a eu 20 ans en 1868 : en quelle année aura-t-elle 90 ans ?

759. — Quel est le prix de 100 kilog. de sucre à 1 fr. 95 cent. le kilogramme?

760. Un garçon de bureau gagne 95 fr. par mois; il a reçu d'avance 720 fr.; pour combien de mois est-il payé?

761. Une propriété de 48 hectares 75 ares a été vendue à raison de 1.085 fr. l'hectare; quelle est son prix?

762. — La population de Paris, sous Philippe-le-Bel, était de 135.128 habitants; en 1868, elle était de 2.058.745; de combien la population a-t-elle augmenté entre ces époques?

763. — La garnison d'une ville est de 18.600 hommes; quelle somme faudra-t-il pour l'entretenir pendant 175 jours, si la dépense de chaque homme est en moyenne de 1 fr. 25 cent. par jour?

764. — Quel sera le quotient de 24.724 divisé par 743 unités?

765. — Quelle somme faudra-t-il pour payer 25 ouvriers qui ont travaillé chacun 28 jours à raison de 4 fr. 15 cent. par jour?

766. — Combien y a-t-il de lettres dans un volume de 750 pages, si chacune d'elle renferme 1.793 lettres?

767. — Que faut-il payer pour 752 litres de liqueur à 9 fr. 75 cent. par jour?

768. — Un canon tire 120 coups par heure; il doit brûler 18.600 cartouches; combien d'heures durera son tir?

769. — J'ai acheté 1.000 hectares de vignes à 49 fr. 75 cent. l'hectare; combien dois-je?

770. — Une caisse pleine de marchandises pèse 125 kilog.; vide, elle pèse 15 kilog.; quel est le poids net des marchandises qu'elle contient?

771. — En 1848, on a mangé à Paris 152.300 kil. de pâtés divers, 100.409 kilog. d'écrevisses, 100.127 kil. de homards, 3.906.725 kilog. de viande, 2.907.907 kilog. de charcuterie, 3.714.619 kilog. de volailles, 2.090.125 k. de fromages divers; à quelle somme se montent ces divers articles de consommation?

772. — Un vase plein d'huile pèse 194 kilog.; vide, il pèse 12 kilog.; quel est le poids net de l'huile?

773. — Georges a reçu 1.000 stères de bois de chauffage à 17 fr. 05 cent. le stère; quelle somme doit-il?

774. — Un sac peut contenir 1.248 noix : combien faudra-t-il de sacs pour ranger 105.923 noix ?

775. — Combien un ouvrier qui gagne 5 fr. 25 cent. par jour gagnera-t-il en 10 jours, en 100 jours, en 1.000 jours ?

776. — On demande le nombre de minutes contenues dans 427 heures, sachant qu'il y en a 60 dans une heure ?

777. — Un palais a 1.295 croisées de chacune 24 carreaux : combien y a-t-il de carreaux pour tout l'édifice ?

778. — Que doit-on payer pour 35 douzaines de chapeaux à 6 fr. 65 cent. la pièce ?

779. — Un voiturier demande 24 fr. pour conduire 8 personnes à 86 kilomètres : quelle somme demandera-t-il pour conduire 12 personnes au même lieu ?

780. — Pour ensemencer un are de terrain, il faut 24 litres de blé : combien en faudra-t-il pour ensemencer 1.500 ares ?

781. — Une plantation est composée de 195 rangées de chacune 187 arbres : quel est le nombre des arbres ?

782. — Dans une fabrique, on emploie 118 ouvriers : 54 ont travaillé pendant 22 jours à raison de 3 fr. 75 c. par jour ; les autres ont travaillé pendant 35 jours, et reçoivent 2 fr. 85 cent. : quelle somme faut-il pour les payer ?

783. — On veut placer 14.434 pommes dans 114 paniers : combien chacun en contiendra-t-il, si l'on en met autant dans l'un que dans l'autre ?

784. — Cent mètres de drap coûtent 819 fr. ; quel est le prix du mètre ?

785. — Un porte faix était chargé de 95 kilog. ; il en passe 49 à un confrère : de quel poids est-il encore chargé ?

786. — Le sol de la France est partagé ainsi, entre les diverses cultures : terres labourables, 2.097.500 hectares ; vignes, 928.000 hectares ; potagers, 582.800 hectares ; jardins, 580.609 hectares ; vergers, 109.108 hectares ; safran, 82.780 hectares ; garance, 22.110 hectares : quelle est l'étendue de terrain consacrée à ces diverse-cultures ?

787. — Un colporteur avait 272 kil. de marchandises, il en a vendu d'abord 45 kil., puis 35 et enfin 25 : combien lui en reste-t-il ?

788. — Cent kil. de sucre coûtent 145 fr. : quel est le prix du kilogramme ?

789. — Combien y a-t-il de pièces d'or de 40 fr. dans 6.240 fr ?

790. — Le cent de pommes coûte 2 fr. 35 c. : combien coûteront 2 530 pommes ?

791. — Ma bibliothèque se compose de 65 rayons de chacun 195 volumes ; chaque volume a en moyenne 450 pages : combien y a-t-il de pages dans tous ces volumes ?

792. — Une botte de paille pèse 6 kil. 0,35 gr. : quel est le poids de 2.685 bottes ?

793. — Pour conduire 24 personnes à 40 kilom., un voiturier demande 60 fr. que demandera-t-il pour les conduire à 30 kilomètres ?

794. — On a vendu 128 pièces de drap mesurant chacune 72 mèt. 25 cent., à raison de 14 fr. 35 c. le mèt. : quelle somme recevra-t-on ?

795. — Un marchand a vendu pour 57 fr. 3125 de drap à raison de 6 fr. 55 c. le mètre : combien a-t-il vendu de mètres ?

796. — Un ouvrier travaille 24 jours par mois et gagne 160 fr. : que gagne-t-il dans un an ?

797. — Combien y a-t-il de pièces d'or de 20 fr. dans une somme de 12.080 fr. ?

798. — Antony a gagné 785 bons points en 10 jours : combien en a-t-il gagné chaque jour ?

799. En allant de Paris à Londres en passant par Douvres, on parcourt 392 kilom. ; il y a 92 kilom. de Londres à Douvres ; quelle est la distance de cette dernière ville à Paris ?

800. — En France, il naît chaque année en moyenne 503,195 garçons en mariage, et 500.095 filles : les orphelins sont au nombre de 32.540 garçons et 30.433 filles : quel est le nombre des naissances ?

PROBLÈMES DE RÉCAPITULATION GÉNÉRALE

sur

les quatre Opérations

───❧❀❧───

801. — Quel est le nombre qui, multiplié par 108 donne 90.086.472 pour produit?

802. — Lors de la naissance de son fils, un père avait 28 ans : aujourd'hui le père a 95 ans : quel est l'âge du fils?

803. — Un cordonnier gagne 4 fr. 75 c. par jour : combien gagne-t-il en 100 jours?

804. — Un débiteur a donné à compte 197 pièces de 10 fr. à l'un de ses créanciers : quelle somme a-t-il versée?

805. — Deux personnes font un échange : la 1re donne 7 mèt. 25 cent. de calicot pour 1 mèt. de drap : combien doit-il donner de mètres de calicot pour 145 mèt. de drap?

806. — Une domestique achète 3 kil. 65 de café à 2 fr. 75 c. le kil., et 5 kil. 25 de sucre à 1 fr. 55 c. le kil. : quelle somme doit-elle réclamer à son maître?

807. — Pour conduire 18 personnes à 40 kilom., un voiturier demande 90 fr. : que prendra-t-il à 10 personnes pour les conduire à 30 kilom.?

808. — On a payé 1725 fr. sur le prix de 1.635 kil. de coton que l'on paye 1 fr. 25 c. le kil. : que redoit-on?

809. — On veut acheter pour 27 fr. de petites médailles d'argent : combien en aura-t-on si l'on en donne 5 pour 1 franc?

810. — Maurice a reçu ce matin 594 pièces de 5 fr. : quelle somme a-t-il reçue?

811. — Une personne destine 1.250 fr. à 1.000 pauvres : combien chacun d'eux aura-t-il?

812. — J'ai acheté un champ 235 fr., je le revends 266 fr. : combien ai-je gagné ?

813. — Un volume in-8 contient 672 pages : combien contient-il de feuilles d'impression ?

814. — En 1868, il est né à Paris, à domicile en Mariage, 12.726 garçons et 10.399 filles ; orphelins, 2.071 garçons et 2.790 filles ; dans les hôpitaux, en mariage, 519 garçons et 934 filles ; orphelins, 3.530 garçons et 3.190 filles : quel est le nombre total des naissances ?

815. — J'ai acheté de Lamuscade 5 balles de café Martinique, pesant ensemble 2.610 kilog. à 350 fr. les cent kilog. : combien dois-je ?

816. — Une personne a un revenu annuel de 6.378 fr., son loyer monte à 600 fr., et chaque année elle donne 668 fr. aux pauvres : combien lui reste-t-il à dépenser ?

817. — En quelle année un homme né en 1826 aura-t-il 96 ans ?

818. — Une maison a été achetée 63.800 fr., on la revend 52.107 fr. : combien a-t-on perdu ?

819. — On a acheté 100 stères de bois de chauffage pour 1.728 fr. : quel est le prix du stère ?

820. — Huit voitures sont chargées chacune de 169 fagots : combien y en a-t-il en tout ?

821. — On gagne 1 fr. sur 6 mèt. 60 cent. d'indienne : combien faudra-t-il en vendre pour faire un bénéfice de 475 fr. ?

822. — Vincent avait acheté 2.476 hectol. de blé à 24 fr. 65 c. l'un ; il l'a revendu 27 fr. : combien a-t-il gagné ?

823. — Un propriétaire a 2.400 moutons partagés également en 8 troupeaux ; chaque troupeau est estimé 3.600 fr. : quel est le prix du mouton ?

824. — Un marchand achète 1.708 hectol. de vin à 49 fr. 85 c. l'hectol. ; il paie pour frais 1.700 fr., puis il revend son vin 75 fr. l'hectol. : combien a-t-il gagné sur son marché ?

825. — Pour 1 fr. on a 2 douzaines de crayons : combien en aura-t-on pour 15 fr. ?

826. — Une flotille se compose de 15 vaisseaux portant chacun 830 hommes : quel est l'effectif des marins ?

827. — Un commis gagne 110 fr. par mois : quel est son gain d'une année ?

828. — Une personne devait 1.409 fr.; elle a payé 896 fr. : combien redoit-elle encore ?

829. — La population des trois arrondissements de la Seine se répartit ainsi : Paris 2.036.612 habitants; Saint-Denis 169.104 hab., et Sceaux, 117.907 hab. : quelle est la population totale du département ?

830. — J'ai acheté de Bernard, de Rouen, 6 balles de café Bourbon, poids net ensemble 695 kilog., à 2 fr. 90 c. le kilog. : combien dois-je ?

831. — En multipliant un nombre par 49, on obtient le même résultat que si on y ajoutait 113.528 : quel est ce nombre ?

832. — La plus grande distance du Soleil à la Terre est de 14.973.200 myriamètres, et sa plus courte de 14.406.880 : quelle est la différence ?

833. — Dans une heure une fontaine donne 562 litres d'eau : combien en fournira-t-elle en 10 heures ?

834. — Un détachement est de 876 hommes ; on veut le porter à 1.200 : combien faut-il y envoyer de recrues ?

835. — Une personne charitable achète 6.544 fagots pour les distribuer aux pauvres; le marchand, pour s'associer à sa bonne œuvre, déduit de la somme totale le prix de 208 fagots : quelle somme a-t-il reçue à raison de 0 fr. 25 cent. le fagot ?

836. — Un homme a fait 148 journées de 9 heures à raison de 0 fr. 65 c. l'heure : quelle somme recevra-t-il ?

837. — Un homme dépense 27 fr. par jour : combien dépense-t-il dans un an ?

838. — Un ouvrier en 28 jours gagne autant qu'un autre en 38 jours; on paie ce dernier 3 fr. 30 c. : que gagne l'autre en 1 jour ?

839. — Un revendeur achète 2.800 œufs à 0 fr. 27 mill. la pièce; il les revend 0 fr. 05 c. : combien a-t-il gagné, sachant que 175 œufs ont été cassés, et que le prix du transport a été de 16 fr. ?

840. — Un marchand achète 986 mèt. de toile à 1 fr. 25 c. le mètre; il la revend 2 fr. 35 c. : combien a-t-il payé sa toile, et quelle somme a-t-il gagnée ?

841. — Une famille se compose de 4 personnes : le père a 76 ans, la mère 70, le fils 50 et la fille 42 : quel est le total de leur âge ?

842. — En 100 jours, un voyageur a parcouru 8.600 kilo. mèt. : quel a été son chemin de chaque jour ?

843. — La hauteur de la Seine était ce matin de 3 mèt. 45 cent. ; elle a baissé de 0 mèt. 29 c. : quelle est sa hauteur actuelle ?

844. — Mon cousin a 10 fr. à dépenser par jour : quel est son revenu annuel ?

845. — Une maison de commerce donne à un commis voyageur la 42e partie des recettes qu'il fait pour elle : combien ce commis doit-il recevoir sur une recette de 48.972 fr. ?

846. — Dans une salle de distribution de prix, on a placé 168 rangées de chacune 49 chaises : combien y placera-t-on de personnes ?

847. — Ernest a fait l'aumône à 180 pauvres; à chacun il a donné 0 fr. 65 c. : quelle somme a-t-il déboursée ?

848. — Pendant 8 ans, un jeune homme a économisé chaque jour 0 fr. 25 c. : à quelle somme se monte son petit capital ?

849. — Chaque jour une personne dépense 15 fr. et en économise 9 : quel est son revenu annuel ?

850. — Un ouvrier fait 3 mèt. 50 cent. d'ouvrage par heure, à raison de 0 fr. 27 c. le mètre : que gagnera-t-il en 28 jours, s'il travaille 12 heures par jour ?

851. — Un cultivateur propose à un vigneron d'échanger du blé contre du vin dans la proportion de 1 hectol. 80 lit. de blé pour chaque hectol. de vin : combien livrera-t-il d'hectolitres de blé pour 15 hectol. de vin ?

852. — A combien de pauvres pourra-t-on faire l'aumône avec 35 fr., si chacun d'eux reçoit 0 fr. 25 c. ?

853. — Il y a 12 images dans une feuille : combien y en aura-t-il dans 108 feuilles ?

854. — Un écolier a reçu régulièrement 10 bons points par jour pendant un mois de 31 jours : combien en a-t-il reçu en tout ?

855. — Quatre révolutions principales ont eu lieu en France : la 1re en 1789 ; la 2e en 1830 ; la 3e en 1848, et la 4e en 1852 : trouver les intervalles qui séparent chacune de ces révolutions ?

856. — Un marchand drapier a reçu 100 pièces de drap mesurant chacune 75 mèt. 85 cent. : combien a-t-il reçu de mètres ?

857. — Un relieur expédie 9 caisses contenant chacune 195 volumes : combien y en a-t-il en tout ?

858. — On a vendu 215 mèt. de calicot à 0 fr. 45 c.;

318 mèt. de toile à 1 fr. 25 c. ; 120 mèt. de drap à 15 fr. 65 c. : quelle somme a-t-on reçue ?

859. — Que coûteront 9 pièces de vin de chacune 235 litres à 0 fr. 65 c. le litre ?

860. — Vingt-quatre personnes ont gagné ensemble 355.660 fr. : quelle somme revient à chacune d'elles ?

861. — Combien aura-t-on de pêches pour 21 fr. 50 c., si l'une coûte 0 fr. 125 millièmes ?

862. — Un épicier a vendu 3 kil. 85 de sel à 0 fr. 25 c. ; 2 kilog. 35 d'huile d'olives à 2 fr. 80 c. ; 12 kilog. 5 de sucre à 1 fr. 15 c. ; 4 kilog. 9 de riz à 0 fr. 95 c. : quelle somme a-t-il reçue ?

863. — On a fait blanchir 5 douzaines de chemises à raison de 0 fr. 25 c. l'une : quelle somme paiera-t-on ?

864. — J'ai acheté de Florentin, de Lyon, 15 surons de jalap, poids net 1.520 kilog. à 6 fr. le kilog., que je dois lui payer en mon billet à son ordre : de quelle somme sera mon billet ?

865. — Un fabricant vend 1.465 assiettes ; il en livre 1.340 une 1re fois, et 287 une 2e : combien doit-il encore en livrer ?

866. — En 1835, il parut une comète qui était restée 76 ans invisible : en quelle année eut lieu sa précédente apparition ?

867. — Un enfant a copié 528 pages à 0 fr. 70 c. la page : quelle somme recevra-t-il ?

868. — Une personne transportait 3.407 bouteilles ; elle n'en livre que 3.395 : combien en avait-elle cassé en route ?

869. — J'ai acheté à Serre 120 pièces de drap bleu de roi mesurant ensemble 2.180 mèt. à 25 fr. le mètre, que je lui paie en mon billet à son ordre de ce jour au 5 Mars : quelle est la valeur de ce billet ?

870. — Combien s'est-il écoulé de mois depuis le commencement de l'Ere chrétienne jusqu'en 1869 ?

871. — Deux personnes héritent de 9.800 fr. ; l'une doit en avoir les 0.4, et l'autre les 0.6 : quelle sera la part de chacune ?

872. — Combien 24 ouvriers, travaillant pendant 25 jours, feront-ils de mètres d'ouvrage, si un seul en fait 48 chaque jour ?

873. — Une dame charitable remet 75 fr. à sa servante en lui disant de faire l'aumône à tous les pauvres qu'elles rencontreront, de donner 0 fr. 25 c. aux hommes et 0 fr. 20 c. aux femmes ; elles rencontrent 100 hommes : combien ont-elles rencontré de femmes, sachant que la servante rapporte 20 francs ?

874. — Une cuisinière achète une certaine quantité d'œufs à 0 fr. 50 c. la douzaine, et une même quantité à 0 fr. 60 c. : combien de douzaines d'œufs a-t-elle achetées, si elle a dépensé 33 fr. ?

875. — Un capital de 136.000 fr. doit être formé par 3 personnes : la 1re en versera les 0,3 ; la 2e, les 0,4 ; et la 3e le reste : quelle sera la mise de chacune ?

876. — Combien doit-on payer pour 179 boîtes de plumes à 0 fr. 95 c. la boîte ?

877. — Un chapelier a reçu 2 commandes, l'une de 850 chapeaux, et l'autre de 975 ; il en a livré 1.347 : combien doit-il encore en livrer ?

878. — Un épicier a vendu 6.785 verres de lampes à raison de 0 fr. 10 c. : quelle somme a-t-il reçue ?

879. — Combien coûtent 198 mèt. de drap à 23 fr. le mètre ?

880. — J'ai vendu à Martin, au comptant, 5 balles de café Martinique, pesant net ensemble 1.865 kilogr. à 3 fr. 75 le kilogr. : quelle somme ai-je reçue ?

881. — Un manœuvre gagne 2 fr. 50 c. par jour ; il dépense 30 fr. par mois : à quelle somme se montent ses épargnes annuelles ?

882. — Un général a attaqué une ville forte avec 175 canons ; le feu a duré 36 heures, et chaque canon a tiré trois coups par minute : combien a-t-on lancé de boulets sur la ville ?

883. — On compte en Chine 275.000.000 d'habitants ; combien en a-t-elle de plus que les pays suivants, dont la population est : France, 37.541.817 h. ; Angleterre, 31.118.320 h. ; Russie, 63.851.907 h. ; Autriche, 31.027.695 hab. ?

884. — Un épicier reçoit 12 caisses d'oranges qui en contiennent chacune 305 ; il les paie 0 fr. 035 mill. la pièce et les revend 0 fr. 12 c. : combien a-t-il gagné, sachant qu'il s'en est trouvé 137 de gâtées ?

885. — Un marchand de vin doit fournir chaque année pendant 3 ans 830 hectol. de vin à un hôpital, au prix de 45 fr. l'hectol. : quelle somme lui devra-t-on ?

886. — J'ai vendu à Humbert, à un mois de terme, 2 balles de café Martinique, poids net ensemble 920 kilogr. à 380 fr. le cent : quelle somme me doit-il ?

887. — Un kilogr. de soie coûte 36 fr. ; quelle somme paiera-t-on pour 115 kilogrammes ?

888. — Pierre a distribué 489 cornets contenant chacun 100 dragées : combien de dragées a-t-il distribuées ?

889. — Chacun des écoliers d'une classe possède 7 livres ; ils sont 95 présents : combien de livres ont-ils entre tous ?

890. — Un courrier faisant 100 kilomèt. par jour, s'est rendu de Paris à Saint-Pétersbourg en 21 jours : quelle distance y a-t-il entre ces deux villes ?

891. — Un fruitier a reçu 1.500 œufs ; il en a vendu 39 douzaines : combien lui en reste-t-il ?

892. — Combien un ouvrier fera-t-il de mètres d'ouvrage en 215 jours, s'il en fait 10 en 1 jour ?

893. — Quatre-vingt-seize kilogr. de marchandises ont coûté 420 fr. ; quel sera le gain, si l'on vend le kilogramme 6 fr. ?

894. — J'ai vendu à Barthélemy 8 pièces de drap bleu de roi mesurant ensemble 184 mèt., à 29 fr. le mètre ; il doit me payer en son billet : quelle somme devra-t-on porter ?

895. — Un ouvrier fait en 1 jour 3 mèt. 25 cent. d'un certain ouvrage : combien en fera-t-il en 39 jours ?

896. — Un négociant a reçu 282 mèt. de drap à 9 fr. 75 c. le mèt. ; 276 mèt. à 16 fr. 25 c. ; 718 mèt. à 6 fr. 45 c. Il donne à compte 4 billets de 1.000 fr. chacun, 6 billets de chacun 700 fr., et 1.000 fr. en espèces : quel est le montant de son achat en mètres et en argent, et que reçoit-il sur cette facture ?

897. — Un mercier reçoit 314 feuilles de ouate à 0 fr. 68 c. la feuille ; quel est le montant de sa facture ?

898. — J'ai vendu à Beauregard 2 balles de café Bourbon, pesant net ensemble 820 kilogr. à 2 fr. 75 c. : quel est le montant de ma facture ?

899. — Quel est le traitement annuel d'un commis qui gagne 195 fr. par mois ?

900. — Dans une caisse il y a cent paquets de chandelles pesant chacun 2 kilogr. : quel est le poids de cette caisse ?

901. — J'ai reçu 8.790 fr. en pièces d'or de 10 fr. : quel est le nombre des pièces ?

902. — Un écrivain doit copier un livre de 550 pages :

il travaille 12 heures par jour, et copie 3 pages à l'heure ; combien emploiera-t-il de jours à ce travail ?

903. — Deux pièces de toile ont été payées 816 fr. : combien contenaient-elles de mètres, si 112 mètres ont été vendus 896 fr. avec un gain de 2 fr. par mètre ?

904. — Par son testament, un riche propriétaire distribue sa fortune de la manière suivante : 4 de ses cousins auront : le 1er, 37.504 fr. ; le 2e, 30.900 fr. ; le 3e, 26.104 fr.; le 4e, 18.532 fr. Il lègue pour être distribué aux pauvres 1.575 fr. ; 2.000 fr. à un hospice de vieillards, et 900 fr. pour faire prier pour le repos de son âme : quel est le montant de sa succession ?

905. — J'ai reçu 8.785 fr. en pièces de 5 fr. en argent : quel est le nombre des pièces ?

906. — Combien dois-je donner de pièces de 1 fr pour faire 1.085 fr. ?

907. — Que dois-je payer pour 100 mèt. de ruban de fil à 0 fr. 10 c. le mètre ?

908. — Un maître maçon emploie 9 ouvriers, qu'il paie à raison de 4 fr. 75 c. par jour : combien ces ouvriers gagnent-ils ensemble par jour et par semaine de six jours ?

909. — J'ai acheté de Pératout 985 kilogr. de savon à 2 fr. le kilogr., que je paie en 106 kilogr. de jalap à 8 fr., et le reste en argent : quelle somme ai-je versée ?

910. — La supérieure d'un orphelinat veut faire des robes à 135 de ses pensionnaires; il faut en moyenne 3 mèt. 95 cent. pour en faire une : combien doit-elle acheter de mètres d'étoffe ?

911. — Un commerçant a vendu dans sa journée 38 mèt. de drap à 18 fr. 75 c. l'un ; 42 mèt. 75 cent. à 19 fr. 65 c. ; 80 mèt. 85 cent. à 13 fr. 85 c. : combien a-t-il vendu de mètres et pour quelle somme ?

912. — Un marchand avait acheté 216 mèt. de drap pour 3.456 fr. ; il l'échange pour 304 mèt. de casimir à 24 fr. : combien a-t-il gagné ?

913. — Un employé gagne 5 fr. 65 c. et dépense 3 fr. 35 c. par jour, plus 180 fr. tous les ans pour son habillement : quelle somme a-t-il pu économiser en 16 années de travail ?

914. — Une ouvrière a fait 38 mèt. de broderie à 2 fr. 45 cent. l'un : combien mettra-t-elle de côté, si pendant qu'elle fait cet ouvrage elle dépense 49 fr. 95 cent. ?

915. — J'ai acheté de Parisot 5 balles de coton pesant chacune 400 kilog. à 2 fr. 75 cent. le kilog. : quelle somme ai-je versée ?

916. — Un ouvrier gagne 47 fr. par semaine : combien gagne-t-il en 52 semaines ou 1 an ?

917. — Quelques chronologistes prétendent que le monde fut créé 4.004 ans avant J.-C. d'autres disent 4.963 ans : combien le monde comptait-il d'existence en Janvier 1869, selon l'une et l'autre de ces opinions ?

918. — J'ai reçu une somme de 29.200 fr. en 750 pièces d'or de même valeur : quelle était la valeur de l'une d'elles ?

919. — Dans une cave il y a 305 tonneaux de même contenance remplis par 139.080 litres de vin : quelle est la contenance d'un tonneau ?

920. — Adèle a acheté pour 4 fr. 35 cent. de mercerie, 7 fr. 65 cent. de doublure, 94 fr. 85 cent. de drap, et 24 fr. de provisions de bouche : quelle somme a-t-elle dépensée ?

921. — Une somme de 9.590 fr. a été payée en 1879 pièces d'argent de même valeur : quelle est la valeur de l'une d'elles ?

922. — Une récolte de vin s'est élevée à 62.000 litres : combien a-t-elle rempli de tonneaux contenant chacun 250 litres ?

923. — On évalue ainsi la population du globe : Europe 292.933.524 hab. ; Asie, 539.500.170 hab.; Afrique, 122.128.100 hab. ; Amérique 243.753.000 hab.; Océanie, 39.000.000 hab. : quelle est la population totale de la Terre ?

924. — Un panier contient déjà 292 œufs, on y ajoute 19 douzaines : combien en contient-il en tout ?

925. — En quelle année est mort Charlemagne sachant qu'il a régné 46 ans, et qu'il est monté sur le trône en l'an 768 ?

926. — Un ballot de marchandises pesant brut 394 kilog. a coûté 864 fr. le poids de l'emballage est le 16e du poids total : combien coûte le kilogramme de marchandise ?

927. — Un canif coûte 1 fr. 75 cent. : quel sera le prix de 19 douzaines ?

928. — Quelle somme faut-il pour payer 46 journées de travail aux 75 ouvriers d'une fabrique, chacun d'eux gagnant 4 fr. 75 c. par jour, sachant qu'ils ont tous reçu un a-compte de 150 fr. ?

929. — Le Volga, le plus grand fleuve de l'Europe, a un cours de 3.276 kilom. ; le Yang-tse-Kiang, en Asie, a 4.814 kilom. ; le Nil, en Afrique, a 4.186 kilom. ; l'Amazone, en Amérique, a 5.442 kilom. ; quelle est la différence du cours de ces différents fleuves avec celui du Volga ?

930. — On compte en Europe environ 183.000.000 de Catholiques, 106.000.000 de Grecs schismatiques, 87.000.000 de Protestants, 24.000.000 de Mahométans, 3.000.000 de Juifs et 40.000 idolâtres : quelle est la population de l'Europe ?

931. — Combien y a-t-il d'années, en 1869, que fut livrée la bataille de Marathon, qui eut lieu 490 ans avant J.-C. ?

932. — Un ouvrage a été tiré à 5.395 exemplaires ; il doit être broché en 9 jours : combien doit-on en brocher par jour ?

933. — Une armée se compose de 29.000 fantassins, 7.700 cavaliers, 4.320 artilleurs, et 2.280 soldats du train : quel est son effectif ?

934. — En un mois un boucher a vendu 3.172 kilog. de viande qui lui coûtait 0 fr. 95 c. le kilog. : combien a-t-il gagné en la revendant 1 fr. 45 c. ?

935. — Combien y a-t-il de feuilles de papier dans 125 rames et 18 mains, la rame étant de 20 mains, la main de 25 feuilles ?

936. — Un bœuf coûte 750 fr. ; il fournit 995 kilog. de viande, que l'on vend 1 fr. 45 c. le kilog. ; les droits d'entrée se sont élevés à 188 fr. : combien a-t-on gagné ?

937. — Un batteur en grange frappe 39 coups de fléau par minute ; il travaille 12 heures par jour : combien frappe-t-il de coups dans sa journée ?

938. — Un ouvrier dépense par an 975 fr. ; il économise 730 fr. : quel est son gain annuel ?

939. Un voyageur doit faire 840 kilom. en 30 jours : combien doit-il en faire par jour ?

940. — Combien s'est-il écoulé d'années depuis le combat des Thermopyles, livré 480 ans avant J.-C., jusqu'en 1869 ?

941. — Une fille est née en 1869 : en quelle année aura-t-elle 69 ans ?

942. — Un manufacturier emploie 540 ouvriers qu'il

paie 3 fr. par jour, 325 à 2 fr. 50 c., 248 à 1 fr. 75 c.; il veut réduire de 45,000 fr. ses dépenses de fabrication; quelle est sa dépense annuelle actuelle, et à quelle somme se montera-t-elle après la réduction projetée?

943. — Quatre individus se sont partagé une succession; le 1er a eu 1,315 fr.; le 2e, 145 fr. de plus que le 1er; le 3e, 125 fr. de plus que le 2e; le 4e autant que le 2e et le 3e : quelle a été la part de chacun, et la somme totale partagée?

944. — Rome fut fondée 753 ans avant J.-C. et l'Empire d'Occident fut détruit par Odoacre 476 ans avant J.-C.: combien cet empire avait-il duré?

945. — On sait que la terre a 40,000 kilom. de circonférence : combien un homme, faisant 4 kilom. à l'heure, mettrait-il de jours pour en faire le tour, en supposant qu'il puisse marcher jour et nuit et aller toujours droit devant lui?

946. — Vingt-cinq gerbes de blé donnent en moyenne 150 litres de grain : combien un cultivateur aura-t-il de litres de blé, lorsqu'il aura battu les 7.595 gerbes qui sont entassées dans sa grange?

947. — Les 95 élèves qui composent une classe doivent écrire chacun 1 page de 25 lignes : quel sera le nombre total des lignes?

948. — Une cuisinière rapporte du marché 14 kilog. 25 cent. de viande à 1 fr. 45 c. le kilog.; 6 douzaines d'œufs à 0 fr. 07 c. la pièce; 3 litres de liqueur à 3 fr. 95 c. le litre; 3 kilog. 5 hect. de beurre à 1 fr. 35 c. le kilog.; elle était partie avec 45 fr. : que le somme doit-elle remettre à son maître?

949. — Un cordonnier a fourni 593 paires de souliers à 9 fr. 95 c. la paire : combien lui est-il dû?

950. — Un marchand a changé 3 pièces de casimir mesurant chacune 45 mèt., contre 5 pièces de toile ayant, la 1re 34 mèt., la 2e 20 mèt., la 3e 30 mèt., la 4e 35 mèt., et la 5e 29 mèt. : on demande à combien lui revient le mètre de toile, sachant que le mètre de casimir vaut 17 fr.?

951. — L'an 395 avant J.-C. eut lieu le partage de l'Empire Romain en Empire d'Orient et Empire d'Occident : combien s'était-il écoulé d'années depuis la fondation de Rome, arrivée 753 avant J.-C.?

952. — On veut embarquer 240.000 hommes sur 300 vaisseaux : combien chacun d'eux portera-t-il d'hommes?

953. — On achète 120 douzaines de crayons à 0 fr. 04 c. pièce : quelle somme faut-il payer ?

954. — Dans une administration on emploie 148 chevaux ; chaque cheval mange en un jour 6 kilog. de foin, 4 kilog. 7 hect. d'avoine, et 6 kilog. de paille : combien l'administration dépense-t-elle de kilog. de chacune de ces choses en un an et combien en totalité ?

955. — A Paris, on a consommé en une année pour 2.455.000 fr. de fromage ; pour 6.948.000 fr. de poisson : de combien la 2ᵉ dépense surpasse-t-elle la 1ʳᵉ ?

956. — La hauteur de l'Himalaya est de 7.821 mèt., et celle du Mont-Blanc de 4.810 mèt. : de combien la 1ʳᵉ montagne surpasse-t-elle la 2ᵉ ?

957. — Un volume contient 512 pages in-8° : combien compte-t-il de feuilles, sachant que chacune d'elles contient 16 pages ?

958. — En une année, la ville de Paris a consommé pour 10.857.390 fr. de volailles, et pour 6.948.700 fr. de poisson : de quelle somme la 1ʳᵉ dépense surpasse-t-elle la 2ᵉ ?

959. — Un imprimeur a pris 1.350 fr. pour imprimer 35 feuilles in-12 : combien prendra-t-il pour en imprimer 27 ?

960. — L'élévation de la plus haute des pyramides d'Egypte est 160 mèt. ; la colonne Vendôme n'a que 45 mèt. : quelle est la différence de hauteur entre ces deux monuments ?

961. — Un maquignon vend des chevaux qui lui coûtaient chacun 345 fr., et gagne 73 fr. 95 c. sur chacun d'eux ; son bénéfice total est de 14.790 fr. : on demande quel est le nombre des chevaux vendus, et la somme totale de sa vente ?

962. — Trois personnes qui ont reçu 84 fr. ont-elles plus reçu que cinq personnes qui se partagent 130 fr. ?

963. — Anatole achète pour 6 fr. 75 c. d'épicerie, 43 fr. 35 c. de pain, 39 fr. 25 c. de viande, et 230 fr. d'habillements : combien a-t-il dépensé ?

964. — Pour nourrir 112 chevaux on a dépensé 174.500 fr. en 2 ans : quelle est la dépense journalière de chaque cheval ?

965. — Que doit-on payer pour 540 mèt. de velours à 35 fr. le mètre ?

966. — Une fabrique employait 1.090 ouvriers ; elle en a supprimé 454, puis en a repris 192 : combien en occupe-t-elle, et combien lui en manque-t-il pour qu'elle en ait 1.248?

967. — On veut savoir combien la Terre a de mètres de tour, sachant que le quart du méridien terrestre a 10.000.000 de mètres?

968. — Il faut 2 mèt. 85 cent. de toile pour faire une chemise : combien dois-je en acheter de mètres pour en confectionner 3 douzaines et demie?

969. — On a donné 106.496 fr. à 650 ouvriers pour leur paye d'un mois de travail : combien a reçu chaque ouvrier?

970. — Pour habiller ses trois enfants, une mère emploie 1 mèt. 40 cent. de drap pour le plus jeune, 3 mèt. 05 cent. pour le deuxième, et 3 mèt. 35 cent. pour le troisième : combien de mètres d'étoffe doit-elle acheter?

971. — J'ai payé 252 fr. avec un nombre égal de pièces de 5 fr. et de 2 fr. : combien ai-je donné de chaque pièce?

972. — Trois joueurs ont perdu, l'un 135 fr. 40 c., le deuxième 82 fr. 95 c., et le troisième 30 fr. : quel est le total des pertes?

973. — On veut embarquer 13.680 hommes; chaque navire peut contenir 1.368 soldats : combien faudra-t-il de vaisseaux?

974. — Un homme à 1 mèt. 693 mill. de hauteur, sa femme en a 0 mèt. 119 mill. de moins : quelle est la taille de cette dernière?

975. — Un négociant doit 12.150 fr. à un confrère, il lui donne 1.140 fr. : combien redoit-il?

976. — Un couvert d'argent vaut 39 fr. 45 c. : quel est le prix de 3 douzaines de couverts?

977. — Un voyageur a séjourné 28 jours dans une hôtellerie ; il dépensait 9 fr. 35 c. par jour : quelle somme doit-il?

978. — Un voyageur a fait 1.728 kilom. en 48 jours : combien en a-t-il fait chaque jour?

979. — Henri IV est monté sur le trône en 1589; il a régné 21 ans : quelle est l'année de sa mort?

980. — Henri a fait 432 mèt. d'ouvrage en 24 heures : combien en a-t-il fait par jour?

981. — On distribue 3.675.000 cartouches à 105.000 hommes : combien chaque soldat en a-t-il?

982. — Un joueur avait perdu 295 fr. ; il regagne 222 fr. : quelle est encore sa perte?

983. — Que doit-on donner à un ouvrier pour 102 journées de travail à 5 fr. 45 c. l'une?

984. — Un ouvrier a mis 1.200 fr. de côté en 60 jours de travail : combien a-t-il économisé par semaine de 6 jours et par jour?

985. — Un malade s'est mis au lit le 1er Janvier, et ne s'est levé que le 1er Avril : combien est-il resté de jours au lit?

986. — Un vaisseau n'a plus que 96.000 rations : on en consomme 860 par jour : combien de jours pourra-t-il rester en mer sans aborder au port?

987. — On emploie dans une maison de commerce 8 commis à 4 fr. par jour, 16 à 3 fr. 75 c.; 6 à 3 fr., et 3 hommes de peine à 2 fr. 50 c. : quelle est la dépense journalière de cette maison?

988. — Un bateau fait 4 voyages par jour, et transporte chaque fois 180 passagers à raison de 1 fr. 75 c.; sa dépense journalière est de 880 fr. : quelle somme nette rapporte-t-il chaque jour?

989. — Un grand engrenage fait 120 tours par heure et met en mouvement une meule qui fait 20 fois plus de tours que lui : quel est le nombre de tours faits par la meule?

990. — On veut échanger 395 pièces de 40 fr. contre des pièces de 5 fr. : combien en aura-t-on?

991. — Pour cultiver un champ il faut tracer 5.580 sillons ; combien un laboureur qui fait 1 sillon en 5 minutes emploiera-t-il d'heures pour achever ce travail?

992. — On a payé 510 fr. pour 68 rames de papier : quel est le prix de la rame?

993. — A l'arsenal de Vincennes, il y a 868 piles de chacune 6.800 boulets : combien y a-t-il de boulets?

994. — Un marchand a vendu 20 douzaines d'œufs 12 fr.; un chapon 3 fr. 35 c., 8 poules 14 fr. et du beurre 16 fr. : quel est le montant de sa vente?

995. — On emploie 28 ouvriers pendant 28 jours à 3 fr. 95 c. par jour : quelle somme faut-il pour les payer, et que reviendra-t-il à chacun?

996. — En revendant un objet 6 fr. 10 c. on gagne 2 fr. 95 c. : combien coûtait-il?

997. — Sept sacs de lentilles en contiennent chacun 145 lit., qui se vendent 0 fr. 35 c. le litre : quelle somme valent ces 7 sacs?

998. — Que coûtent 912 pommes à 0 fr. 35 c. la douzaine?

999. — Martin paie 9 kilogr. de viande à 1 fr. 40 c. le kilog. avec une pièce de 20 fr. ; combien doit-on lui rendre ?

1.000. — Maurice a acheté 14.094 pommes 0 fr. 05 c. la pièce, et les revend 0 fr. 95 c. la douzaine ; que gagnera-t-il sur ce marché ?

1001. — Mon fournisseur m'a présenté un mémoire de 1.035 fr. ; je ne lui dois que 957 fr. : de combien dois-je le réduire ?

1.002. — Une pièce de drap coûtait 375 fr. ; on l'a revendue avec une perte de 95 fr. : quel est le prix de vente ?

1.003. — Un hectolitre de charbon pèse environ 135 kil. ; quel poids porte un bateau chargé de 8.247 hectolitres ?

1.004. — Ernest veut distribuer 26 fr. 40 c. aux pauvres ; son aumône sera de 0 fr. 40 c. par jour : combien de temps durera cette somme ?

1.005. — Un ouvrier reçoit 1.056 fr. pour son salaire à raison de 6 fr. 60 c. par jour ; combien de jours a duré son travail ?

1.006. — Un coquetier part au marché avec 960 œufs ; il en vend 14 douzaines en route et en casse 54 ; combien en a-t-il en arrivant à sa destination ?

1.007. — Eugène dit : si on me donnait 28 fr. 50 c. je pourrais acquitter une dette de 150 fr. 80 c., et il me resterait 10 fr. 95 c. : quelle somme possède-t-il ?

1.008. — Louis XIV est monté sur le trône en 1643, et il est mort en 1715 : quelle a été la durée de son règne ?

1.009. — Si 987 mèt. de drap coûtent 26.900 fr. 80 c. que paiera-t-on pour 16 pièces de drap de chacune 28 mètres ?

1.010. — Un homme en voyage fait 20 kilom. par jour pendant 48 jours ; en revenant, il ne fait plus que 15 kilom. par jour : combien le retour durera-t-il de jours de plus que l'aller ?

1.011. — Une personne a acheté pour 3 fr. 60 c. de viande, 1 fr. 25 c. de légumes, 4 fr. 20 c. de fromage, 16 fr. 75 c. d'objets divers : quelle somme a-t-elle dépensée ?

1.012. — Jeannette avait 35 fr. 50 c. ; elle achète une robe 9 fr. 50 c. ; une paire de souliers 6 fr. 95 c. ; puis elle donne le reste à sa mère : quelle somme a reçue cette dernière ?

1.013. — Un instituteur achète 30 rames de papier à 3 fr. 50 c. ; 5 douzaines de livres à 0 fr. 40 c. le volume ;

18 grosses de plumes à 1 fr. 15 c. l'une ; 3 registres à 3 fr. 45 c. ; 9 douzaines de crayons à 0 fr. 30 c. la douzaine ; il donne en paiement un billet de 1.200 fr. : combien doit-on lui rendre ?

1.014. — Ernest a usé cette année 4 chemises à 3 fr. 75 c., 6 mouchoirs à 0 fr. 65 c., 3 cravates à 1 fr. 75 c. ; il doit payer ses dépenses avec ses petits profits qui se montent à 0 fr. 80 c. par jour : dans combien de jours se sera-t-il acquitté ?

1.015. — Un négociant reçoit pour 3.900 fr. de marchandises ; pour les payer il emprunte 923 fr. 85 c. : combien avait-il en caisse ?

1.016. — En revendant 7.804 mèt. de drap 114.129 fr. on gagne 31.630 fr. : combien avait-on payé le mètre ?

1.017. — Un négociant avait consacré 15.695 fr. à une entreprise ; les dépenses se montaient chaque jour à 625 fr., tandis que les recettes n'étaient que de 508 fr. : combien est-il resté de temps pour anéantir son capital ?

1.018. — 16 douzaines de chapeaux ont été payés 1.385 fr. 50 c. : combien faut-il revendre chaque douzaine pour gagner 1 fr. 40 c. sur chaque chapeau ?

1.019. — Un maquignon vend 78 chevaux 348 fr. l'un ; il perd 67 fr. 45 c. par cheval : quelle est sa perte totale ?

1.020. — Un employé gagne 3.500 fr. par an ; on le renvoie au bout de neuf mois : quelle somme doit-on lui payer ?

1.021. — David a reçu 32 pièces de vin à 135 fr. la pièce ; après avoir acquitté la facture, il lui reste encore 753 fr. : quelle somme avait-il en caisse ?

1.022. — Chaque jour nous buvons 2 litres de vin à 0 fr. 85 c. : quelle économie ferions-nous si nous remplacions le vin par 5 litres de bière à 0 fr. 20 cent. ?

1.023. — Un libraire reçoit 819 volumes qu'il vend 3 fr. 45 c. l'un : quel est son bénéfice, sachant qu'il n'en paie que 756 à raison de 2 fr. 85 c. l'un ?

1.024. — Arthur a 945 fr. ; Jean 120 de plus qu'Arthur ; Paul autant que ses deux amis, plus 95 fr. : quelles sommes possèdent Jean et Paul ?

1.025. — En ajoutant 587 fr. 20 c. à une somme, il s'en manque 96 fr. 80 c. qu'elle ne soit triplée : quelle est cette somme ?

1.026. — Un cocher a reçu 25 fr. 30 c. pour 18 courses : quel est le prix d'une course, si à chacune le cocher a reçu 0 fr. 15 c. de gratification ?

1.027. — Un libraire expédie 3.406 exemplaires d'un ouvrage; il en donne 13 pour 12 : combien fera-t-il payer de volumes ?

1.028. — Pour 1.800 fr. j'ai 150 mètres de drap : combien dois-je en vendre de mètres à 16 fr. pour gagner 240 fr. ?

1.029. — 16 pommes coûtent 0 fr. 56 c.; on les vend 0 fr. 25 c. : quel bénéfice fera-t-on sur 1.600 pommes ?

1.030. — A 4 heures du soir, une montre indique l'heure exacte : quelle heure marquera-t-elle à 10 heures du soir, si toutes les heures elle avance de 2 minutes ?

1.031. — Quelqu'un promet de donner 1 fr. 50 c. aux pauvres toutes les fois qu'il gagnera 27 fr. : quelle sera la valeur de son aumône, sachant qu'il a fait un bénéfice de 768 fr. ?

1.032. — Chaque fois que Jules rapporte 16 fr. 50 c. à son père, ce dernier lui donne 1 fr. 75 c. pour ses menus plaisirs : quelle somme a-t-il rapportée à son père, sachant que ce dernier lui a fait don de 400 fr. ?

1.033. — Une revendeuse gagne 0 fr. 15 c. sur chaque douzaine d'œufs qu'elle achète 0 fr. 95 c.; son bénéfice total s'est élevé à 10 fr. 70 c. : combien avait-elle acheté de douzaines d'œufs ?

1.034. — Octave a reçu 65 pièces de vin, contenant chacune 250 litres : combien a-t-il reçu de litres ?

1.035. — Auguste est né en 1704; il a vécu 84 ans : quelle est l'année de sa mort ?

1.036. — Je dois partager 94.650 fr. entre 25 personnes : que dois-je donner à chacune ?

1.037. — 7 personnes doivent se partager une pièce de percale de 252 mètres : quelle sera la part de chacune ?

1.038. — Un épicier avait acheté pour 638 fr. de marchandises; il les revend 1.176 fr. : combien a-t-il gagné ?

1.039. — Une caisse contient 170 paquets de bougies pesant chacun 2 kilog.; la caisse vide pèse 9 kilog. : quel est le poids de la caisse pleine ?

1.040. — Un pont a 12 arches de chacune 14 mètres, séparées par 11 piliers de 2 mètres d'épaisseur : quelle est la longueur du pont ?

1.041. — Un peintre doit tapisser 16 chambres;

pour chacune d'elles il faut 8 rouleaux de papier : combien lui en faudra-t-il en tout ?

1.042. — Combien aura-t-on d'allumettes chimiques pour 9 fr. 60 c. à 0 fr. 40 c. le kilogramme ?

1.043. — Antoine a une bibliothèque composée de 8 rayons ; sur chaque rayon il y a 98 volumes, coûtant chacun 2 fr. 75 c. : quelle somme coûtent tous ces livres ?

1.044. — De Paris à Douai, il y a 280 kilomètres : combien un train de chemin de fer, parcourant 28 kilom à l'heure, mettra-t-il d'heures pour franchir cette distance ?

1.045. — Un homme en mourant laisse la moitié de sa fortune à ses 6 neveux, et l'autre moitié à ses 8 cousins : combien chacun d'eux aura-t-il sur les 41.280 fr. qu'il laisse ?

1.046. — Une voiture publique peut transporter 18 personnes à 6 fr. chacune : quelle est la recette quotidienne du propriétaire, si cette voiture fait 3 voyages chaque jour ?

1.047. — Un facteur rural fait 2 fois par jour une route de 8.500 mèt. ; il y a quinze ans qu'il est en place : combien a-t-il parcouru de mètres ?

1.048. — Bernard est né en 1.825 : en quelle année a-t-il eu 21 ans ?

1.049. — Quatre personnes se sont partagé une somme ; la première a eu 1.400 fr. ; la deuxième 180 fr. de plus que la première ; la troisième moitié des deux premières ; et la quatrième 520 fr. de plus que la troisième : quelle était la somme à partager ?

1.050. — Sur une pièce de drap de 156 mèt., un tailleur prend 12 mèt. une première fois, 47 mèt. une deuxième, et 60 mèt. une troisième : que reste-t-il de la pièce ?

1.051. — Dans une fabrique on emploie 32 ouvriers ; 18 gagnent 4 fr. 25 c. par jour, et les autres 3 fr. 75 c. : quelle somme faudra-t-il pour payer 25 journées à ces ouvriers ?

1.052. — J'ai vendu une maison 72.500 fr. et j'ai gagné 2.400 fr. sur mon marché : combien l'avais-je payée ?

1.053. — Pour 1.500 fr. on a 150.000 plumes : à combien revient la plume ?

1.054. — Pour couvrir un toit il faut 81.000 ardoises à 0 fr. 15 c. l'une : quelle somme coûtera cette couverture ?

1.055. — Un apprenti reçoit 1 fr. 50 c. chaque semaine ; quelle somme aura-t-il reçue après ses 3 années d'apprentissage ?

1.056. — On achète 16 objets à 0 fr. 65 cent. la pièce ; l'acheteur donne en paiement une pièce de 10 fr. : combien doit-on lui rendre ?

1.057. — Après 3 mois de travail, un domestique reçoit 85 fr. : quels sont ses gages annuels ?

1.058. — Un tonneau contient 235 litres ; un autre à côté en contient 140 de plus : quelle est sa contenance ?

1.059. — Un marchand vend pour 1.375 fr. de marchandises, et gagne 179 fr. : combien les avait-il achetées ?

1.060. — Un écolier met tous les dimanches 0 fr. 05 c. dans sa tirelire ; il ne la brise qu'après 5 années : quelle somme contient-elle ?

1.061. — Un fil d'or coûte 3 fr. 95 c. le mèt. : quel est le prix de 3 mèt. 25 cent. ?

1.062. — Dans une fabrique on a brûlé 2.070 chandelles en 90 jours : combien en brûlait-on chaque jour ?

1.063. — Une personne peut dépenser 5.110 fr. par an ; elle économise 1.450 fr. : combien dépense-t-elle par jour ?

1.064. — Une personne charitable donne 0 fr. 35 c. à 30 hommes pauvres qu'elle rencontre ; 0 fr. 30 c. à 24 femmes, et 0 fr. 15 c. à 23 enfants : quel est le montant de son aumône ?

1.065. — Un voyageur parcourt 6 kilom. par jour, pendant 24 jours ; il veut faire le même chemin en 16 jours : combien fera-t-il de kilom. par jour ?

1.066. — On emploie 80 ouvriers dans un atelier ; 30 reçoivent 4 fr. 75 c. par jour ; 36, 6 fr. 25 c., et les autres 8 fr. : quel sera le bénéfice du fabricant, si ses recettes annuelles se montent à 308.300 fr., que ses ouvriers ne travaillent que 297 jours, et que les frais d'entretien montent à 4.640 fr. ?

1.067. — Dans une année, Auguste use 2 pantalons à 9 fr. 75 c., 2 habits à 18 fr. 45 c., 3 gilets à 4 fr. 50 c. 4 blouses à 3 fr. 25 c., et une ceinture de 0 fr. 95 c. : combien faut-il de journées de travail à ses parents pour payer tous ces frais, sachant que le père gagne 6 fr. par jour, et la mère 3 fr. 20 c. ?

1.068. — Arthur dépense 1.875 fr. pour sa nourriture, 840 fr. pour son loyer, 760 fr. pour son entretien ;

982 fr. pour ses menues dépenses ; son revenu ne peut suffire à payer ses dépenses, et il emprunte 295 fr. 75 c. : quel est le montant de son revenu.

1.069. — Les Mérovingiens ont occupé le trône de France de l'an 420 à l'an 752 ; quelle a été la durée de cette race ?

1.070. — J'ai gagné 4.718 fr. sur 1.348 mèt. de drap : combien gagnerai-je sur 588 mètres ?

1.071. — Pour un berceau de jardin, on a employé 5.516 kilog. de fer à 0 fr. 6 c. le kilog. : quel est le prix de ce travail ?

1.072. — Un ouvrier emploie quotidiennement 6 heures à faire la sieste, 10 heures au travail et 1 heure à chacun de ses trois repas : combien d'heures emploie-t-il à chacune de ces occupations pendant les 305 jours de travail de l'année ?

1.073. — Antoine a acheté 3 pièces de rouennerie mesurant chacune 143 mèt. à 3 fr. 50 c. le mèt. ; il les revend, et gagne sur le tout 286 fr. 30 c. : quelle somme les a-t-il vendues ?

1.074. — Un commis gagne 3.420 fr. par an ; il a été malade pendant 3 mois : combien doit-on lui retenir ?

1.075. — Un boucher a fourni à un restaurant, pendant 30 jours, 250 kilogr. de viande par jour : combien doit-on lui payer de kilogrammes ?

1.076. — Dans une famille, on boit 5 litres de vin par jour à 0 fr. 45 c. : combien faudra-t-il de journées à 5 fr. 25 c. pour payer cette dépense pendant une année ?

1.077. — Si j'avais 918 fr. de plus, je pourrais payer 14.939 fr. 50 c. que je dois, et il me resterait 2.651 fr. 70 c. : combien ai-je ?

1.078. — Une pièce d'étoffe contient 207 mèt. 70 cent. ; une deuxième, 26 mèt. 50 cent. de moins ; une troisième, 35 mèt. 30 cent. de moins que la première : quelle est la longueur des deux dernières pièces ?

1.079. — Si on mettait 301 fr. 60 c. dans ma bourse, il y aurait le double de l'argent qui s'y trouve, plus 118 fr. : combien ai-je dans ma bourse ?

1.080. — Un cocher a reçu 32 fr. 40 c. pour 24 courses à 1 fr. 20 c. l'une : quel est le montant de ses gratifications ?

1.081. — Un libraire revend au détail 1 fr. 65 c. des volumes qui lui coûtent 14 fr. 50 c. les 13/12 : quel est son bénéfice, si son achat a été de 1.704 volumes avec le treizième en sus ?

1.082. — On veut payer 2.855 fr. avec un nombre égal de pièces de 5 fr. et de pièces de 2 fr. : combien y aura-t-il de chacune de ces pièces ?

1.083. — Je dépense chaque jour 0 fr. 40 c. pour mon loyer, 1 fr. 35 c. pour ma nourriture ; je mets 0 fr. 25 c. pour l'entretien de mon habillement, et je donne régulièrement 0 fr. 15 c. aux pauvres : combien faut-il que je gagne par jour pour couvrir mes frais et économiser 0 fr. 45 c. ?

1.084. — Ma montre avance de 2 minutes toutes les trois heures ; il est maintenant midi, et elle marque midi 30 minutes : quelle heure était-il lorsqu'elle marquait l'heure juste ?

1.085. — J'ai donné 115 fr. 50 c. aux pauvres : quel a été mon gain, sachant que je donne 1 fr. 75 c. en aumônes chaque fois que je gagne 13 fr. 75 c. ?

1.086. — Un père a donné 297 fr. à son fils pour en disposer à sa volonté : quel a été le gain de l'enfant sachant que le père lui donne 1 fr. 50 c. chaque fois qu'il rapporte 8 fr. au logis ?

1.087. — J'ai vendu pour 3.744 fr. de drap à 9 fr. 75 c. le mètre, et j'ai gagné sur mon marché 633 fr. 60 c. Si je voulais gagner 1.059 fr. 30 c. en vendant du même drap, combien devrai-je en vendre de mètres ?

1.088. — Ernest vend 0 fr. 85 c. du vin qui lui coûte 0 fr. 65 c. le litre : quel est son bénéfice sur une vente de 170 fr. 85 c. ?

1.089. — Chaque fois que je gagne 16 fr. 50 c. je place 2 fr. 25 c. à la Caisse d'épargne : quel a été mon gain, sachant que j'ai placé 74 fr. 25 c. ?

1.090. — Je donne 1 fr. 75 c. à ma sœur chaque fois que je gagne 24 fr. 75 c. : quelle somme dois-je gagner, pour que mon don fait, il me reste 2.576 fr.

1.091. — Toutes les deux heures ma montre avance de 5 minutes ; il est 5 heures, et elle marque 5 h. 39 m. : à quelle heure marquait-elle l'heure exacte ?

1.092. — Un petit fabricant d'allumettes dépense chaque jour 0 fr. 50 c. pour son loyer, 1 fr. 15 c. pour sa nourriture, son entretien est en moyenne de 0 fr. 60 c. : quelle doit être sa recette de chaque jour pour qu'il puisse couvrir ses frais, sachant que la fabrication de chaque boîte d'allumettes lui revient à 0 fr. 02 c. et qu'il la vend 0 fr. 05 c.

1.093. — Un libraire revend 5.695 fr. 40 c. 1.446 volumes qui lui ont coûté 5.001 fr. 20 c. : quel est son bénéfice sur chaque volume ?

1.094. — Pour 2.400 fr. un marchand achète 160 mèt. de drap, qu'il revend 15 fr. 80 c. : quel sera son bénéfice sur 150 mèt. de ce drap ?

1.095. — Un robinet remplit un bassin en 4 heures : quelle est la contenance du bassin, sachant que ce robinet fournit 14 litres d'eau par minute ?

1.096. — En retranchant 350 fr. 90 c. d'une somme, elle est diminuée de moitié : quelle est cette somme ?

1.097. — On partage une certaine somme entre 4 personnes : la première a 2.409 fr.; la deuxième, 207 fr. de moins que la première; la troisième, 175 fr. de plus que la deuxième; la quatrième, 316 fr. 80 c. de moins que la première : quelle est la part de chaque personne et la somme partagée ?

1.098. — Pour payer 29.650 fr., deux de mes amis me prêtent l'un 940 fr. 45 c.; l'autre 1.708 fr. 95 c.; après m'être acquitté, il me reste 496 fr. : quelle somme avais-je avant mes emprunts ?

1.099. — J'ai vendu 440 litres de vin 0 fr. 95 c. et j'ai gagné 88 fr. : quel était le prix d'achat du litre ?

1.100. — Un restaurateur a pris chez un boucher pendant 125 jours 135 kilog. de viande chaque jour : il la paye 1 fr. 30 c. le kilog. : quelle somme doit-il payer ?

1.101. — Napoléon 1er est mort en 1821 : combien s'est-il écoulé de temps de cet événement à 1868 ?

1.102. — J'ai acheté 2 barils d'huile, contenant chacun 115 litres; j'en vends 180 litres : combien m'en reste-t-il ?

1.103. — En 1835, Paul a hérité de 4.200 fr.; en 1840, d'une somme exprimant 325 fois la valeur absolue des chiffres représentant le 1er héritage; trouver : 1o le 2e héritage, et 2o la somme totale dont Paul a hérité ?

1.104. — Un vigneron échange 23 hectol. de vin contre du blé : combien en recevra-t-il s'il donne 1 hectol. de vin pour 1 hectol. 80 litres de blé ?

1.105. — Un cultivateur porte au marché 50 sacs de grains; chacun d'eux contient 1 hectol. 27 litres : combien recevra-t-il s'il le vend 21 fr. 95 c. l'hectol. ?

1.106. — Un cultivateur sème 32 hectol. de blé,

61 d'avoine, 27 d'orge : a combien d'hectol. se montera sa récolte, si le blé rend 10 pour 1, l'avoine 12, et l'orge 8 ?

1.107. — Un épicier reçoit 4 caisses de marchandises; chacune d'elles contient 317 kilog. 25 décag. de chocolat à 3 fr. 25 c. le kilog.; il paye 10 fr. d'emballage et 3 fr. 50 c. de port pour chaque caisse : combien doit-il débourser en tout ?

1.108. — On doit partager une somme en 9 parts égales ; deux parts sont déjà enlevées, et il reste 4.235 fr. : quelle était la somme à partager ?

1.109. — On veut faire tapisser un appartement dans lequel entreront 45 rouleaux de papier de tenture à 2 fr. 98 c.; et 9 rouleaux à 0 fr. 60 c. : quel sera le prix de ce travail ?

1.110. — Auguste achète un kilog. de café, et donne 5 fr. à l'épicier qui lui dit : si je recevais autant pour chaque kilog. de ma caisse, ma recette monterait à 860 fr.; je n'en dois retirer que 302 fr. 40 c. : combien dois-je vous rendre ?

1.111. — Paul a un cornet de 80 bonbons; il veut le partager entre lui et ses deux frères, Georges et Victor, de manière que lorsqu'il en prendra 2, Georges en recevra 3 et Victor 5 : combien chacun en recevra-t-il ?

1.112. — Mon père naquit en 1808; en quelle année a-t-il eu 56 ans, et en quelle année aura-t-il 95 ans ?

1.113. — Un marchand de vin achète 1.080 litres de vin pour 486 fr. : combien doit-il vendre le litre, s'il veut gagner 162 fr. sur la totalité ?

1.114. — Un petit État se compose de 50 villes ayant chacune 15.340 habitants, de 540 bourgs de chacun 975 habitants, et de 2.340 villages ayant ensemble 1.057.675 habitants : quelle est la population totale de cet État ?

1.115. — Combien une mère fera-t-elle de bonnets avec 17 met. de piqué, si avec un met. on peut faire 6 bonnets ; et à combien reviendra chaque bonnet, si l'on a payé 30 fr. 60 c. pour la totalité ?

1.116. — Un marchand achète 18 ballots de chacun 80 pièces, contenant chacun 12 mouchoirs ; il a payé 19.680 fr.; 300 fr. de transport; 128 fr. de droits; 30 fr. d'emballage : quel bénéfice fera-t-il, s'il vend chaque mouchoir 3 fr. 30 c. ?

1.117. — Un épicier mélange 48 kilog. de café à

4 fr. 20 c. avec 36 kilog. à 3 fr. 40 c. : quel sera 1° le prix du kilog., 2° du demi-kilog. ?

1.118. — J'occupe 3 compagnons ; je paie le premier 5 fr. 75 c. par jour, le deuxième 4 fr. 25 c., le troisième 3 fr. 40 c. : combien dois-je à chacun, et en tout, sachant qu'ils ont travaillé 4 semaines, les dimanches exceptés ?

1.119. — Combien faut-il de st. de bois pour chauffer un ménage, si on en brûle 4 au printemps, 2 en été, 3 en automne, et en hiver autant que dans les trois autres saisons ; et pour quelle somme, sachant que le st. se vend 15 fr. 45 c. ?

1.120. — Divisez 750.875 par 0.25 c. ?

1.121. — Un marchand a une pièce de drap de 85 mèt. à 12 fr. 75 c. le mèt. ; il en a vendu pour 637 fr. 50 c. : combien lui reste-t-il de mèt., et combien en a-t-il vendu ?

1.122. — Paul laisse 32.000 fr. à ses enfants ; Jules doit avoir 12.000 fr., Charles 11.000 fr. : quelle sera la part de Georges ?

1.123. — Un faïencier achète 1.600 assiettes à 15 fr. le cent ; il s'en casse 60 en route : combien le marchand doit-il vendre celles qui lui restent, s'il veut gagner 32 fr. sur le tout, et s'il a fait pour 20 fr. 60 c. d'autres menues dépenses ?

1.124. — Une fermière va au marché avec 36 douzaines d'œufs ; elle veut les vendre 16 fr. 20 c. ; il arrive qu'une partie des œufs se trouvent cassés, néanmoins, elle vend ceux qui lui restent 0 fr. 05 c. pièce, et elle rapporte 20 fr. 80 c. : combien y avait-il d'œufs de cassés ?

1.125. — Un particulier achète une propriété pour laquelle il paye comptant 6.800 fr., douzième partie du prix d'achat ; il doit solder le reste en 12 paiements égaux : de combien doit être chaque paiement ?

1.126. — Un vigneron dit : si j'avais vendu mon vin 81 fr. l'hectol., j'aurais payé mes dettes, et mis 248 fr. de côté ; mais comme je ne l'ai vendu que 76 fr., je redois encore 80 fr. : combien avais-je d'hectolitres ?

1.127. — Un cultivateur demande combien il pourra acheter d'ares de vigne à 65 fr. l'are avec 2.530 fr., plus le produit de la vente de 150 ares de terrain à 36 fr. l'are ?

1.128. — Un père laisse 129.600 fr. à sa famille ; sou

épouse doit avoir moitié de l'héritage, et ses dix enfants se partageront le reste également : quelle sera la quote-part de chacun ?

1.129. — Une personne avait 240 fr. pour un voyage qui devait durer 30 jours ; à son retour, il lui reste 15 fr. : combien a-t-elle dépensé par jour ?

1.130. — Combien fera-t-on de tabliers avec 24 mèt. d'étoffe, sachant que chaque tablier doit avoir 0 mèt. 65 cent. de longueur, et que l'ourlet exige 0 mèt. 10 cent. en plus ?

1.131. — Combien y a-t-il d'ares dans une pièce d terre qui a rapporté 4.200 litres de blé, si 6 ares en rapportent 100 litres ?

1.132. — Un ouvrage peut être fait par 36 personnes en 12 jours : combien 6 personnes mettront-elles de jours pour faire le même ouvrage ?

1.133. — Sur une somme de 16.450 fr. 28 c., les sergents ont pris chacun 260 fr. ; 900 soldats doivent se partager le reste : combien auront-ils chacun ?

1.134. — Un épicier dit que s'il vend le sac de sel 20 fr. il aura 300 fr. de gain, et s'il le vend 18 fr. il n'aura que 120 fr. de gain : combien de sacs a-t-il ?

1.135. — Combien l'aiguille d'une montre qui marque les minutes fera-t-elle de tours dans une semaine, dans un mois, et dans une année ?

1.136. — Un marchand dit : que s'il vend 8 fr. le mètre de mérinos, il perdra 18 fr. sur la pièce, et que s'il le vend 10 fr. il gagnera 42 fr. : combien cette pièce a-t-elle de mètres, et quel est le prix d'achat ?

1.137. — Georges naquit en 1818 : en quelle année aura-t-il 72 ans ?

1.138. — J'ai acheté une pièce de vin pour 162 fr. ; e l'échange contre une pièce d'eau-de-vie, et je donne en retour 142 fr. : combien ai-je payé la pièce d'eau-de-vie ?

1.139. — Un libraire a acheté 150 rames de papier pour la somme de 2.100 fr. : à combien lui reviennent 1° la rame, 2° la main, et 3° la feuille ?

1.149. — Un négociant tire 1.350 poutres d'une coupe de bois qu'il a payée 197.120 fr. ; il vend les poutres 160 fr. pièce, et le reste du bois 7.120 fr. : quel sera son bénéfice ?

1.141 — Un homme en mourant laisse une fortune de 300.000 fr. ; il donne 16.000 fr. à l'Église ; 16.000 fr.

aux pauvres, et 3.000 fr. au curé pour qu'il prie pour le repos de son âme ; il laisse le reste à 18 héritiers : combien auront-ils en tout, et chacun en particulier ?

1.142. — Ernest achète une maison pour la somme de 103.672 fr. ; il y fait pour 5.189 fr. 75 c. de réparations, et en la revendant il gagne 3.795 fr. 25 c. : quelle somme l'a-t-il revendue ?

1.143. — Mon voisin Bonaventure dépense annuellement 947 fr. pour la nourriture de sa famille, 841 fr. pour son habillement, 756 fr. pour l'entretien de sa maison, et 353 fr. d'autres menues dépenses : à quelle somme se montent ses dépenses ?

1.144. — Un commis voyageur, après un séjour de 30 journées dans une ville, paie 386 fr. 40 c. pour ses repas ; il a donné 88 fr. pour ses déjeuners, 178 fr. 80 c. pour ses dîners, et 129 fr. 60 c. pour ses soupers : dire combien il a dépensé par jour, et à chacun de ses repas ?

1.145. — Neuf cents hommes ont à se partager une somme ; 40 d'entre eux doivent prendre 2.000 fr. ; les autres se partagent le reste, et ont chacun 60 fr. : quelle est la somme à partager ?

1.146. — Mon cousin Louis doit recevoir la somme de 16.789 fr. en 3 paiements inégaux ; le 1er sera de 5.700 fr. ; le 2e de 6.468 fr. : quel sera le montant du troisième ?

1.147. — Ernest a acheté 12 douzaines de chapeaux à 8 fr. 50 c. la pièce ; il donne en paiement 104 mèt. de drap à 12 fr. le mèt. : combien doit-on lui rendre ?

1.148. — Mon oncle Nicolas possède une rente annuelle de 5.060 fr. ; en 12 ans, il a mis de côté 16.400 fr. : dire quelle a été sa dépense journalière, et quelle somme il aurait dépensée chaque jour, s'il n'eut fait aucune économie ?

1.149. — Un petit État se compose de 35 villes ayant chacune 15.340 habitants, de 349 bourgs de chacun 975 habitants, et de 2.859 villages d'une population moyenne de 540 habitants : dites-nous la population de cet État ?

1.150. — Pierre m'a donné 8 paniers contenant chacun 15 douzaines de pommes : combien de fruits m'a-t-il donnés ?

1.151. — La population de la Martinique est de 123.040 habitants ; celle de l'île Bourbon, de 122.500 ; celle du Sénégal, de 160.530 ; celle de la Guyane française, de

19.908 ; celle de la Guadeloupe, de 148.085 habitants : dites-nous la population totale de ces colonies?

1.152. — Georges veut partager 9.180 fr. entre 3 de ses domestiques, de manière que le 2ᵉ ait 300 fr. de moins que le 1ᵉʳ, qui doit avoir 3.700 fr. : quelle sera la part du second et du troisième ?

1.153. — On récolte annuellement en France pour 2.341.700.000 fr. de grains ; pour 1.400.000.000 de fr. de vins ; pour 1.675.000.000 de fourrages ; pour 908.430.000 fr. de légumes ; pour 325.409.000 fr. de fruits ; pour 100.900.000 fr. de chanvre et pour 95.200.000 fr. de lin : à quelle somme se montent ces divers revenus ?

1.154. — Un marchand achète 210.000 bouteilles ; il veut les vendre 25 fr. 12 c. le cent ; ses frais de transport et d'achat se montent à 51.600 fr. : quelle somme recevra-t-il, et quel sera son bénéfice ?

1.155. — Avec 800 fr. de plus que ce que j'ai, je paierais 1.700 fr. que je dois, et il me resterait 68 fr. : quelle somme ai-je dans ma bourse?

1.156. — Le déluge arriva l'an du monde 1656 ; la vocation d'Abraham 429 ans après le déluge ; la loi écrite fut donnée à Moïse 450 ans après la vocation d'Abraham : dites-nous en quelle année du monde eut lieu la vocation d'Abraham ; et en quelle année fut donnée la loi écrite ?

1.157. — On compte un nombre égal de croisées sur les 4 façades d'un château ; la vitrerie de ces croisées a été payée 2.496 fr. ; le vitrier a reçu 1 fr. 30 c. pour chaque carreau et chaque croisée en contient 8 : quel est le nombre total des croisées, et combien en compte-t-on sur chaque face du monument?

1.158. — On a payé 1.944 fr. pour la vitrerie d'une maison comptant 214 croisées de chacune 12 carreaux : à combien revient chaque carreau?

1.159. — J'occupe 3 compagnons ; je paie le premier 5 fr. 20 c. par jour ; le deuxième, 4 fr. 05 c. ; le troisième, 3 fr. 75 c. : combien dois-je à chacun d'eux après 6 semaines de travail, et combien en tout, sachant que chez nous on ne travaille pas le dimanche?

1.160. — Un ami m'a prêté 700 fr. ; je paie 1.200 fr. que je dois, et il me reste 68 fr. : combien avais-je dans ma bourse?

1.161. — Le département du Nord contient 7 arrondissements ; celui de Lille compte 16 cantons et 145 communes; celui de Cambrai, 7 cantons et 103 communes; celui de Dunkerque, 7 cantons et 65 communes; celui de Douai, 6 cantons et 65 communes; celui d'Avesnes, 10 cantons et 157 communes; celui de Hazebrouck, 7 cantons et 90 communes; celui de Valenciennes, 7 cantons et 53 communes : dites-nous combien ce département compte de cantons et de communes ?

1.162. — Je loue une maison en totalité pour la somme de 10.008 fr.; je sous-loue à 60 locataires qui paient 80 fr. par trimestre : quel est mon bénéfice annuel ?

1.163. — Une garnison dépense en un mois de 30 jours 60.000 kilog. de pain; la ration de chaque homme est de 1 kilog. par jour : de combien d'hommes est composée cette garnison ?

1.164. — On m'apporte pour l'acquitter la facture suivante :

        25 mèt. de drap à. . . . . 27 fr.
        18 mèt. de casimir à. . . . . 16 fr.
        148 mèt. de toile à. . . . . 8 fr.
        34 mèt. de taffetas à. . . . . 6 fr.
        5 mèt. de levantine à. . . . . 10 fr.

J'ai donné à compte 400 fr. : combien dois-je encore ?

1.165. — L'histoire de l'Église a commencé en l'an 30; la première époque a duré 283 ans, la deuxième 170 ans, la troisième 317 ans : en quelles années ont commencé les quatre époques ?

1.166. — Une pompe fait monter l'eau dans 6 tuyaux; chacun d'eux alimente 15 fontaines; 40 de ces fontaines coulent continuellement et fournissent 20 litres d'eau par minute; les autres ne coulent que pendant 14 heures et fournissent 30 litres d'eau par minute : combien de litres d'eau cette pompe monte-t-elle par jour, par mois de trente jours et par année ?

1.167. — La Lune fait sa révolution autour de la Terre en 27 jours 7 heures 43 minutes : combien de minutes met-elle à opérer cette révolution ?

1.168. — Les revenus de Jacques lui permettent de dépenser 50 fr. par jour; ayant fait élever des constructions montant à la somme de 5.800 fr., il paie avec des billets qu'il doit acquitter dans le cours d'une année : à combien doit-il restreindre sa dépense journalière, s'il veut faire honneur à cet engagement ?

1.169. — La Terre parcourt annuellement environ

800.000.000 de kilom. autour du Soleil : combien fait-elle de kilom. par minutes?

1.170. — J'emploie 5 commis : le premier reçoit 60 fr. par mois ; le deuxième 16 fr. de plus que le premier ; le troisième 12 fr. de plus que le deuxième ; le quatrième autant que le premier et le deuxième ; le cinquième autant que le troisième et le quatrième : combien chacun d'eux reçoit-il, et quelle somme dois-je payer en tout?

1.171. — Un joueur, à un premier coup, gagne 3 fr. ; au deuxième, il perd 2 fr. 75 c. ; au troisième, il gagne 4 fr. 05 c. : combien a-t-il gagné en tout?

1.172. — Un marchand vend 3 objets à 2 fr. 20 c. l'un, sur lesquels il fait une remise de 0 fr. 15 c. ; 6 objets à 1 fr. 80 c. chacun, sur lesquels la remise est de 0 fr. 30 c. ; et enfin, 12 objets à 0 fr. 95 c. sans remise : combien a-t-il reçu?

1.173. — On demande le total de 7 nombres ; le premier est 1.684 fr. 92 c., et les 6 autres augmentent successivement de 124 fr. 35 c., 115 fr. 75 c., 175 fr. 85 c., 117 fr. 35 c., 119 fr. 25 c., et 127 fr. 40 c.?

1.174. — Un capitaine commandant un bataillon de 480 hommes reçoit 10,800 fr. pour les conduire à leur destination ; chaque homme doit recevoir 0 fr. 15 c. par myriamètre parcouru. Une partie du détachement déserte pendant la route ; arrivé à destination, le commandant retire de la somme qu'on lui a remise moitié de la somme qui revient aux déserteurs, puis partage le reste de cette somme également entre les soldats présents ; chacun d'eux reçoit 21 fr. 75 c. : combien le détachement a-t-il fait de myriamètres, et quel est le nombre des déserteurs?

1.175. — Un ouvrier se met au travail à 7 heures du matin ; il quitte 5 h. après : à quelle heure quitte-t-il? Le lendemain, le même ouvrier se met au travail à 8 h. du matin ; il quitte 7 h. après : dites-nous à quelle heure il cesse de travailler?

1.176. — Un écrivain a un volume à copier ; on le paie à raison de 0 fr. 0012 par lettre ; il reçoit après le travail terminé 672 fr. : dites-nous combien ce livre contenait de pages, sachant que chacune était de 40 lignes, chaque ligne contenant 40 lettres?

1.177. — Louise a acheté des oranges de 3 qualités ; elle paie les premières 3 fr. la douzaine, les deuxièmes 2 fr. 50 c., les troisièmes 2 fr. 25 c. ; elle en a autant d'une qualité que de l'autre : combien en a-t-elle de douzaines de chaque qualité, et en tout, si elle a dépensé 9.096 fr. 75 c. à cet achat?

1.178. — 13.140 mètres d'ouvrage ont été faits par 30 ouvriers en 30 jours ; 4.320 mèt. du même ouvrage ont été faits par 48 ouvriers en 60 jours : combien a-t-on fait de mèt. d'ouvrage par jour, et combien chaque homme en a-t-il fait en particulier dans chaque atelier?

1.179. — J'avais dans ma bourse une somme de 1.775 fr. 45 c. ; j'ai payé pour mon loyer 145 fr. ; à mon menuisier, un mémoire de 229 fr., et à mon boucher un mémoire de 315 fr. 25 c. : quelle somme me reste-t-il?

1.180. — Un bûcheron fabrique 30 fagots sur un sentier tracé en droite ligne ; ils sont placés un à un à 10 m. de distance l'un de l'autre, le premier étant placé lui-même à 10 m. de la route ; le fils du bûcheron est chargé d'entasser ces fagots sur le grand chemin ; il ne peut en porter qu'un à la fois : combien aura-t-il fait de chemin lorsqu'il aura accompli sa tâche?

1.181. — Trois révolutions ont eu lieu en France ; la première en 1789, la deuxième en 1830, et la troisième en 1848 : combien s'est-il écoulé d'années entre ces trois événements?

1.182. — Un enfant a 15 ans 9 mois et 12 jours ; il demande combien il a vécu de secondes, sachant que depuis sa naissance 3 années ont été bissextiles, et que dans les 9 mois supplémentaires 5 ont 31 jours, 3 ont 30 jours et le dernier 28?

1.183. — Quelqu'un achète 456 mèt. 75 cent. de drap à 18 fr. 40 c. le mèt. ; 616 mèt. 70 cent. de toile à 3 fr. 45 c. ; il lui manque pour payer la facture 1.043 fr. 75 c. : quelle somme a-t-il?

1.184. — Un négociant trouve dans sa caisse le Dimanche 3.400 fr. ; le Lundi il reçoit 5.324 fr. et il paie 3.700 fr. ; le Mardi, il reçoit 8.400 fr. ; le Mercredi, il reçoit 3.000 fr. et il paie 7.004 fr. ; le Jeudi, il reçoit 8.500 fr. et il paie 5.505 fr. ; le Vendredi, il reçoit 5.825 fr. et il paie 2.200 fr. ; le Samedi il paye 1.500 fr. : quelle somme trouvera-t-il en faisant sa caisse le lendemain?

1.185. — La population de la Russie est de 62.409.000 hab., et celle de la France de 35.940.000 hab. : combien compte-t-on d'habitants de plus en Russie qu'en France?

1.186. — En 4 semaines une personne a dépensé

3 kilog. de pain à 0 fr. 65 c. le kilog. et 1 kilog. de viande à 1 fr. 35 c. le kilog. chaque semaine : combien a-t-elle dépensé en pain, en viande et en tout?

1.187. — Pour 22.500 fr. on a acheté 750 mèt. de drap : à combien revient le mètre?

1.188. — Si j'ajoute 583 fr. 20 c. à une somme, elle devient 3 fois plus forte : quelle est cette somme?

1.189. — En retranchant 2.477 fr. 25 c. d'une somme, il s'en faut de 4.228 fr. 75 c. qu'on en ait retranché le tiers : quelle est cette somme?

1.190. — Ma montre avance de 3 minutes toutes les 4 heures ; son avance actuelle est de 9 minutes : depuis combien d'heures avance-t-elle?

1.191. — Auguste a acheté 540 arbres pour 9.185 fr. ; quel est le prix d'un arbre?

1.192. — Un couvert d'argent coûte 35 fr. : combien en aura-t-on pour 1.890 fr.?

1.193. — Un ouvrier a fait 1.504 mèt. d'ouvrage en 24 jours : quel est son travail de chaque jour?

1.194. — Dans une classe il y a 145 élèves ; tous doivent faire une page de 15 lignes : combien ont-ils fait de lignes en tout?

1.195. — Dans une pièce de drap coûtant 1.184 fr., un tailleur coupe 8 pantalons qu'il vend 35 fr., et 16 redingotes du prix de 70 fr. : combien gagne-t-il?

1.196. Un marchand vend 25 fr. le mèt. une étoffe qui lui coûte 18 fr. ; sa vente est de 2.400 fr. : quel est son bénéfice?

1.197. — Une rue à 27.350 mèt. carrés de superficie; il entre 25 pavés par mèt. carré : combien compte-t-on de pavés dans cette rue?

1.198. — Je reçois huit paniers contenant chacun 490 pommes, que je paie à raison de 0 fr. 19 c. la pièce : quel est le prix de l'envoi?

1.199. — On vend 17 fr. 50 c. le stère de bois qui revient à 11 fr. 75 c. : combien a-t-on vendu de stères, sachant que le bénéfice net est de 169.000 fr.?

1.200. — Un entrepreneur à 48.200 fr. en caisse ; il prélève sur cette somme 4.289 fr. pour ses frais particuliers, et le reste est employé à payer les 246 journées de chacun de ses ouvriers : on demande le nombre de ces derniers, sachant que les uns gagnent 3 fr. 50 par jour, les autres 4 fr. 25 c., d'autres 5 fr., et le nombre des ouvriers est le même pour chacun de ces divers prix?

TABLE DES MATIÈRES

Imp. A.-E. Rochette, 72-80 boul. Montparnasse, Paris.

www.ingramcontent.com/pod-product-compliance
Lightning Source LLC
Chambersburg PA
CBHW071448200326
41519CB00019B/5660